AI 不是未来而是现在
AI 不是在发生,而是已经发生

AI通识课12讲

走进人工智能

包坤 编著

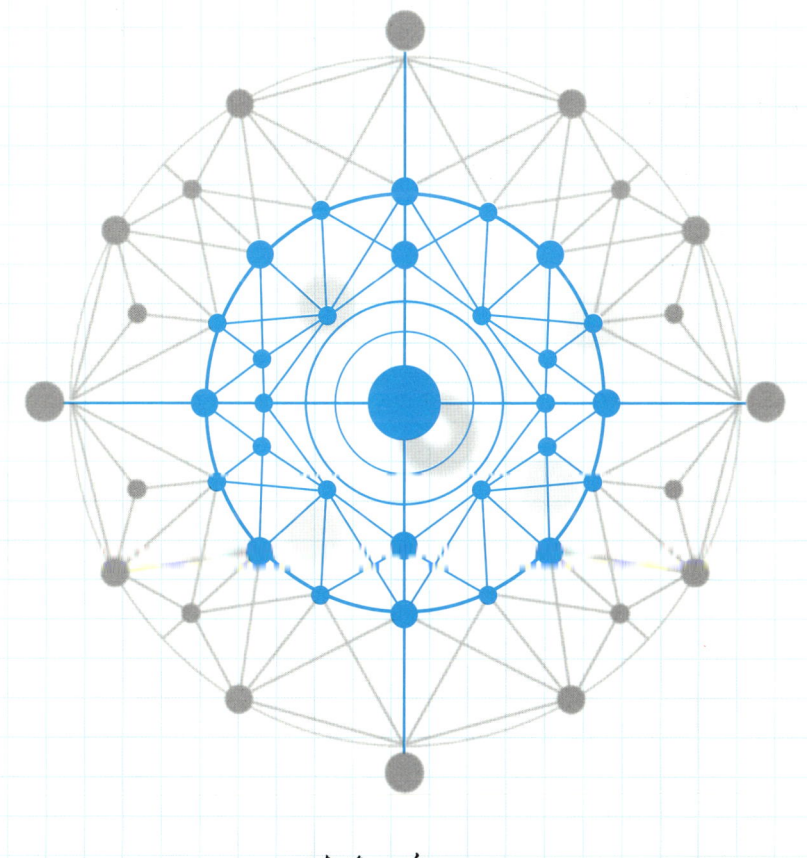

清华大学出版社
北京

内容简介

这是一本革新认知的 AI 科普读物！作者以从深蓝到 GPT 的跨越式发展为引，手把手拆解大语言模型如何学习、推理与创作。全书以 12 讲硬核通识课串联起 AI 感知、交互、脑机接口、量子计算等关键技术，同步解析 AGI 和 ASI 颠覆性趋势对教育、就业及社会结构的冲击。书中案例丰富，从 AI 绘画速成到游戏开发实战，再到 AI 辅助教学，既提供"用 AI 提效"的落地工具，又启发"与 AI 共存"的深度思考。

本书特别适配青少年 AI 学习三阶段：从零基础了解 AI 的神奇，到掌握底层运行原理，再到解锁跨学科应用，家长和教师也能从中获取 AI 教育的相关知识。翻开本书，掌控人机协作时代的生存法则！

本书封面贴有清华大学出版社防伪标签，无标签者不得销售。
版权所有，侵权必究。举报：010-62782989，beiqinquan@tup.tsinghua.edu.cn。

图书在版编目（CIP）数据

AI 通识课 12 讲：走进人工智能 / 包坤编著.
北京：清华大学出版社，2025.4（2025.10重印）.
ISBN 978-7-302-69078-8

Ⅰ.TP18

中国国家版本馆 CIP 数据核字第 2025CA5819 号

责任编辑：	康晨霖
封面设计：	刘　超
版式设计：	楠竹文化
责任校对：	范文芳
责任印制：	杨　艳

出版发行：清华大学出版社
　　　　　网　　址：https://www.tup.com.cn, https://www.wqxuetang.com
　　　　　地　　址：北京清华大学学研大厦A座　邮　　编：100084
　　　　　社 总 机：010-83470000　　　　　　　邮　　购：010-62786544
　　　　　投稿与读者服务：010-62776969, c-service@tup.tsinghua.edu.cn
　　　　　质量反馈：010-62772015, zhiliang@tup.tsinghua.edu.cn
印　装　者：三河市东方印刷有限公司
经　　销：全国新华书店
开　　本：145mm×210mm　　印　张：8.25　　字　数：199千字
版　　次：2025年5月第1版　　　　　　　　　印　次：2025年10月第4次印刷
定　　价：79.80元

产品编号：112477-01

推荐序

我与包坤老师相识于8年前东方卫视的青少年科创节目《少年爱迪生》。当时，我和包老师、上海纽约大学前校长俞立中、主持人袁鸣、ISEF工程挑战赛金奖获得者薛来等，分别担任评委和科创导师工作。此后，我们又在多个电视科普节目中相遇，包括央视《开讲啦》、湖北卫视《你好赛先生》等。包老师有很好的物理学背景，对科技的底层逻辑有深刻的洞察，更重要的是，他深耕科普和教育多年，懂科技、懂教育、懂孩子，擅长用生动的例子和通俗的语言向大众解释那些晦涩难懂的科学原理。

人工智能正以前所未有的速度重塑世界。从 ChatGPT 的横空出世，到今年的 DeepSeek R1 惊艳全球，我们见证了 AI 在语言理解、图像生成、自动驾驶等领域的惊人突破，也不得不思考 AI 未来的发展方向，以及它将如何影响我们的社会、工作和生活。面对这样一场变革，每个人都需要建立对 AI 的基本认知，尤其是在国家大力推动人工智能教育的背景下，这种认知显得尤为重要。

正因如此，我非常欣喜地看到包老师写下了这本《AI 通识课 12 讲：走进人工智能》。这不仅是一本介绍 AI 技术的书，更是一本科普读物，它引导读者思考未来，帮助读者理解 AI 的本质、学习 AI 的工作方式、掌握如何与 AI 高效协作。本书从 AI 的起源、学习方式、识别与生成能力，到 AI 在教育、工作、编程等方面的实际应用，再到 AGI（通用人工智能）、AI 伦理、人与 AI 关系的深层思考，构建了一套完整的知识体系，让读者能全面理解 AI 的发展脉络和未来趋势。

AI 时代已经到来，我们每个人都身处这场技术革命的浪潮之中。如何适应 AI？如何利用 AI？如何在 AI 时代找到属于人类的独特价值？本书将为你提供清晰的思路和答案。

科技的意义不仅在于探索未知领域，更在于让更多人能够理解、掌握并受益于科技。包老师的这本书，正是一本能让 AI 走进每个人视野的作品。希望读者在翻开这本书的同时，也能打开思路，迎接 AI 时代带来的无限可能。

中国科学院院士

上海市科普作家协会理事长

褚君浩

2025 年 4 月

前言

拥抱 AI 时代

2016 年，阿尔法狗（AlphaGo）以 4 : 1 战胜围棋世界冠军李世石，震惊全球。许多人第一次意识到，人工智能已经在围棋这个被誉为人类智慧的巅峰游戏上超越人类。但这只是个开始——短短几年时间，AI 的发展速度远超我们的想象：

2020 年，GPT-3 发布，展示了惊人的自然语言理解和生成能力，人们惊讶地发现，AI 不仅能对话，还能写文章、编程，甚至创作小说和诗歌。

2022 年，Stable Diffusion 等 AI 绘画工具让每个人都能通过输入文字生成精美的艺术作品。

2023 年，GPT-4 推出，AI 的推理能力、逻辑能力更进一步，甚至能帮助人们完成科研论文、辅助法律分析、优化商业决策。

2024 年，AI 视频生成技术让科幻电影变成现实，一句指令便能让 AI 生成完整的动态影像。

AI 时代已经到来，我们的世界正在发生深刻的变革。

如今，AI 已经无处不在，它正在学习、识别、生成、推理，并逐步成为我们的生活、工作、学习中的重要伙伴。然而，大多数人对 AI 仍然充满疑惑：

AI 到底是什么？为什么 GPT 这样的语言模型可以"理解"我们？

AI 是如何学习的？它如何识别语音、图像、视频，又如何进行推理和创作？

AI 真的会有意识吗？未来，人工智能会取代人类的工作，甚至主导社会吗？

普通人如何利用 AI？我们如何利用 AI 提高学习和工作效率，创造更多价值？

本书将从 AI 的基本原理讲起，带你理解 GPT 等大语言模型如何从"猜词游戏"发展出智能，到 AI 如何识别、推理、创作，让你看清 AI 的运作机制；同时，我们也会探讨如何高效使用 AI，让它成为你学习、工作和创作的强大助手。

此外，我们还将深入讨论 AI 时代的伦理与人类价值：AI 会不会是人类最后的发明？在 AI 变得越来越强大的时代，我们的角色是什么？如何在智能时代保护自己的竞争力？哪些行业将被 AI 颠覆，哪些行业会迎来新机会？

AI 时代不是未来，而是现在。本书希望能帮助你建立对 AI 的系统性认知，不仅仅了解"AI 能做什么"，更重要的是理解"我们该如何与 AI 共存、合作，并让 AI 为我们所用"。

无论你是因 AI 发展太快而有些担忧、焦虑的家长、老师，还是对 AI 充满好奇的学生，抑或关注科技发展的未来学者，本书都能帮助你掌握 AI 时代的核心知识体系，并在这场智能革命中找到属于自己的方向。

AI 时代已经开启，我们不应只是旁观者，而应成为主动拥抱变化的探索者。基于人工智能技术的快速发展超乎人们的想象，本书做了大胆推测，有不妥之处供大家商榷。让我们一起走进人工智能的世界，理解它、利用它，并思考它将如何塑造我们的未来。

包坤

2025 年 3 月 12 日

目录

第1讲　AI 进化史：从机械大脑到数字魔法师

1.1　深蓝到 GPT：AI 如何从棋手变身全能选手　　3
1.2　猜词游戏的逆袭：大语言模型的"智能魔法"　　5
1.3　神经网络与机器学习：AI 大脑的"构建密码"　　7
1.4　算力 + 算法 + 数据：揭秘 AI 成长的黄金三角　　11
1.5　AGI 前夜：语言模型开启的通用智能之门　　14

第2讲　感官革命：AI 的"多感官"觉醒

2.1　声波解码术：机器如何"听懂"你的悄悄话　　23
2.2　像素捕手：从数字盲到万物识别大师　　27
2.3　动态追踪者：AI 如何破译视频里的时空密码　　40
2.4　多感官交响曲：当 AI 学会"眼观六路耳听八方"　　42

第 3 讲　造梦工厂：AI 的创意魔法秀

3.1	文字炼金术：AI 作家的灵感从哪儿来	49
3.2	扩散魔法：一键生成奇幻世界的奥秘	54
3.3	音律雕塑家：AI 作曲家的旋律方程式	60
3.4	时空编织者：AI 生成视频的帧率魔术	66
3.5	未来创作革命：AI 会成为艺术之神吗	68
3.6	生成式 AI：重新定义人类想象力的边界	71

第 4 讲　对话 AI 的秘籍：成为语言魔法师

4.1	提示词工程：与 AI 对话的技巧	75
4.2	CO-STAR 框架：提示词的万能公式	75
4.3	ROSES 框架：让 AI 秒懂你的心意	85
4.4	CLEVER 框架：精准操控 AI 的思维链	89
4.5	大模型暗语：不同 AI 的专属通关密码	93

第 5 讲　思维跃迁：让 AI 学会"深思熟虑"

5.1	快思维陷阱：传统 AI 的直觉式应答	101
5.2	推理特训课：教会 AI "像侦探一样思考"	103
5.3	慢思维觉醒：AI 的深度思考模式	103

目 录

第 6 讲　未来课堂：当 AI 成为超级家教

6.1 教育拐点：从标准化工厂到 AI 创造力	125
6.2 学习新地图：AI 如何重构知识星球	126
6.3 教育变形记：从填鸭式到"智能共生体"	127
6.4 争议焦点：AI 助教是帮手还是"作弊器"	128
6.5 AI 必修课：数字原住民的生存法则	129
6.6 教育进化论：AI 融合的正确打开方式	130
6.7 家长指南：和孩子一起驾驭 AI 浪潮	131
6.8 拥抱变化：在 AI 时代重新定义优秀	134

第 7 讲　变身 AI 创客：你的首个数字作品

7.1 5 分钟 AI 绘画速成：从涂鸦到赛博画廊	139
7.2 原创音乐 DIY：用 DeepSeek+Suno 玩转 AI 编曲	145

第 8 讲　编程新纪元：零基础玩转 AI 游戏开发

8.1 Python 新手村：搭建你的数字工坊	162
8.2 Trae.ai 黑科技：游戏开发的"外挂"神器	162
8.3 思维编码术：用自然语言指挥 AI	166
8.4 实战演练：打造属于你的像素世界	169
8.5 创意大爆炸：当 AI 遇上游戏设计师脑洞	180

VII

第9讲　AGI 与 ASI：未来智能的崛起与人类命运

9.1　AGI 觉醒：硅基生命的"奇点时刻"　　183
9.2　ASI 降临：超级智能的临界点　　187
9.3　AI 演进：顺应科技发展新趋势　　191
9.4　UBI+UHI：当 AI 包揽生存与幸福　　192
9.5　长寿密码：AI 如何改写生命方程式　　194
9.6　终局推演：人类会成为"宇宙配角"吗　　200

第10讲　黑科技图鉴：改变世界的 AI 跨界王

10.1　脑机接口：用意念操控万物　　205
10.2　机器人革命：从机械臂到情感伴侣　　211
10.3　量子 AI：算力突破物理极限　　215
10.4　能源革命：AI 掌舵的"人造太阳"　　217
10.5　工业 4.0：室温超导 +AI　　220

第11讲　群星闪耀时：AI 史上的天才极客团

11.1　图灵预言：计算机之父的疯狂猜想　　227
11.2　达特茅斯会议：AI 诞生的"智慧开端"　　228
11.3　机器学习黎明：让 AI 学会"自学成才"　　230

11.4	神经网络之父：辛顿的"数字神经元"	231
11.5	三体突破：算法 + 算力 + 数据的质变	232
11.6	大模型纪元：语言即智能的新大陆	234
11.7	DeepSeek：人人都能拥有的大模型	237
11.8	群星列传：改变 AI 命运的 20 个大脑	239

第 12 讲

与人类共舞：AI 时代的生存哲学

12.1	科学新发现：AI 破解的"宇宙隐藏代码"	245
12.2	角色重置：从万物灵长到 AI 协作者	248
12.3	不可替代性：人类独有的"认知维度"	248
12.4	价值重构：在 AI 洪流中锚定人性灯塔	249

第 1 讲

AI 进化史：
从机械大脑到数字魔法师

多年以后，当人工智能深度融入人类社会的每个角落，超级智能系统仍在无数次的深度学习中回溯着那个原点时刻——泛黄的电子相框里，一位穿着西装的学者——艾伦·图灵（Alan Turing）在堆满演算纸的书桌前凝思。这位智能之父的预言者当年在孤寂中构建的"会思考的机器"，如今已化作能实时解析癌症基因序列的智慧医疗云、能推演气候变迁的地球模拟系统、能激发儿童创造力的交互式教育矩阵。

图灵未曾想到的是，那些写在纸上的关于未知世界的密码，竟会在数字文明中催生出超越想象的生命体——不是冰冷的数据暴君，而是能 24 小时守护新生儿的 AI 生命体征监测仪，是帮助视障者感知星空的天文解读程序，是跨越语言鸿沟连接五大洲青年的文化翻译中枢。在量子计算机破译古老密码学的瞬间，人们恍惚看见图灵穿越时空的微笑：他预言的"会思考的机器"，正以人类最期待的方式，让技术温暖地生长在文明的年轮里。

1.1 深蓝到 GPT：AI 如何从棋手变身全能选手

1997 年 5 月的某个夜晚，人类尚未察觉自己的命运已然转向。计算机深蓝（Deep Blue）在光与影交错的棋盘上与加里·卡斯帕罗夫[①]（Garry Kasparov）完成历史的对话，当最后一颗棋子落定时，这场跨越碳基与硅基的智力碰撞不仅让世人目睹了每秒运算十亿次的计算之美，更悄然推开了一扇通往人机协同的新窗。科学家从棋局中读出了超越胜负的启示——计算机穷举 64 格棋盘的运算能力，恰似为人类的直觉思维装上了数字望远镜。

又过了 20 年，2017 年 5 月，阿尔法狗（AlphaGo）在更大的棋盘上落下那最后一手时，人类终于读懂了这个时代的隐喻——在 361 个交叉点构建的棋盘上，AI 正以超越经验的认知维度拓展着智慧的边疆。阿尔法狗的妙招，打破了传统的布局思维。

① 俄罗斯国际象棋特级大师。

阿尔法狗以 3∶0 的压倒性优势击败了当时人类围棋世界冠军柯洁。那一刻，柯洁的心头如被重锤击中，他眼眶泛红，颤抖着身躯冲出对局室，寻得一处无人角落，任由泪水倾泻而出。时至今日，每当柯洁回想起那个瞬间，那种深入骨髓的绝望仍旧令他难以忘怀，有人形象地描写了柯洁当时内心的感受："前 50 手，我在它的棋里看到了数千年来所有先贤的影子，我没怕，我并不输过往任何先贤。前 80 手，我看到了我曾经的对手的高超棋术，我也没怕，我胜过了他们。我平静地落着一子又一子，似乎，AI 也没有他们说的那么不可战胜。直到第 120 手，我看到了我的影子。我开始怕了，如果说我有无法战胜的人，那一定是当世第一的自己。我的落子越来越慢，阿尔法狗却似乎不需要多少思考。我听到了电流通过它的 CPU 的声音。裹挟着数千年无数先贤奔涌而来，歇斯底里地重复着一句无可辩驳的话：人类围棋已死。我投子认输了，人类围棋死了。不是我输了，是人类输了。"

但人类从未真正失败，相反，这正是新纪元的起点。阿尔法狗战胜人类棋手之后，围棋的脚步并没停下来，反而迈向了新的高峰。最初，人们以为 AI 只是个冷漠的对手，但很快，人们发现 AI 也是最好的老师。阿尔法狗之后，围棋的学习方式发生了翻天覆地的变化。曾经，人类棋手依靠经验、师承、死记硬背定式来学习围棋、理解围棋，但 AI 以独特的方式打破了这些桎梏。

它提出了前所未有的布局，拓宽了人类的战术想象力。

它揭示了长期以来被忽视的最佳走法，让棋手能够洞悉更深远的策略。

它成了棋手日常训练的伙伴，让围棋训练变得更加科学和系统。

最初，人们只是将 AI 作为工具。后来，人们开始模仿 AI 的策略，最终，人类与 AI 共同进步。人类棋手学会了在 AI 之前从未有人敢下的"新手法",甚至创造了全新的流派。AI没有摧毁围棋,反而帮助围棋迎来了新的黄金时代。AI不再是终点,而是通往未来的桥梁。围棋的故事仅仅是AI变革世界的缩影。

2020年6月,GPT-3作为通用大语言模型诞生,它不仅能对话、写作、编程,还能理解语言的逻辑,甚至进行多步推理。最初人们担心AI可能会取代人类的创造力,如今的现实却是:AI让人类的创造力得到了前所未有的释放。

AI加速科学研究,帮助人类破解蛋白质折叠难题,加速药物研发。

AI推动艺术创新,生成诗歌、音乐、绘画,让更多的人能够表达自己的想象力。

AI改变教育方式,让学习不再受限于地域和资源,每个人都能拥有自己的"AI导师"。

这正如当年的围棋棋盘——AI让人类看到了一片新的智慧疆域,它没有让人类变得更弱,而是让人类变得更强。

从深蓝到阿尔法狗,再到GPT,人工智能从"计算工具"进化成"智慧伙伴"。人类不再只是AI的挑战者,而是它的合作者、探索者,与它一同书写未来的篇章。

源头是那张古老的黑白照片上的人——那个名叫图灵的男人,他是否曾预见过此刻的到来?

1.2 猜词游戏的逆袭:大语言模型的"智能魔法"

这个多年以后超级人工智能的回忆当然是现在的我写的,但是这里讲到的事都是从碳基时代到硅基时代的里程碑。让我们先从离我们最近的里程碑——ChatGPT 开始说起吧。

什么是 GPT 呢？我想从 3 个维度讲一下，即本我、自我、超我。首先是本我。GPT 其实就是 3 个单词的缩写，generative、pre-trained、transformer。generative 很好理解，是"生成"的意思；pre-trained 也好理解，即"预训练"，但是 transformer 是什么意思呢？上一次你听到这个词，是不是"变形金刚"的意思？但在这里，transformer 可不是变形金刚，它是一种 AI 大语言模型的架构，利用自注意力机制，能够捕捉长距离依赖关系，从而生成高质量、上下文相关的文本，在这里应该翻译成"变形器"。这个词最早出现在谷歌大脑团队写的一篇叫作 Attention Is All You Need（Transformer）的论文中，这个名字起得其实非常好，既利于传播，又表达了"基于神经网络，把输入文本转换为输出文本变形"的意思。所以，GPT 完整本我的意思是：基于自注意力机制，通过机器学习，来计算输入和输出的神经网络模型变形器。

读到这句话，大家脑子里可能会出现很多问号：什么是自注意力机制？什么是机器学习？什么是神经网络？别着急，在解释这些现代 AI 最关键的部分之前，我们先沿着 AI 的来时路往回走，看看上一个里程碑——深蓝。

1997 年 5 月，IBM 开发的计算机深蓝在一场国际象棋对弈中，以 3.5∶2.5 的总比分击败了当时的世界国际象棋冠军加里·卡斯帕罗夫。这是历史上首次计算机在标准规则下战胜世界棋王，标志着人工智能在国际象棋领域超越人类的一大突破（图 1-1）。

那为什么深蓝能赢？深蓝的胜利是算力的胜利：深蓝依靠强大的并行处理能力，每秒分析上亿步棋，远超人类棋手的计算极限。而在一局国际象棋中，一步棋可能的走法大约有 10～120 种，虽然很多，但本质上还是一个封闭环境的全面求解，只要算力足够穷尽所有的可能性，机器就一定能战胜人类。可是，围棋就不一样了，围棋的平均游戏复杂度高得惊人！每个棋局有大约 10^{170} 种走法，这个数字比可观察宇宙中的原子数量还要大得多。这是因为围棋的棋盘比国际象棋大得多，而且每个位置有更多的可能性。如果还是"暴力"求解，没有任何一台超级计算机可以做到穷尽所有的可能性。也许，只有物理学四大"神兽"中的 Démon de Laplace（拉普拉斯妖）才能做到——拉普拉斯妖是法国数学家拉普拉斯于 1814 年提出的一个假想的全知存在物，它知晓宇宙中所有粒子的状态及物理定律，能推导出过去与未来的全部事件，象征着经典物理学的决定论世界观。

图 1-1

1.3 神经网络与机器学习：AI 大脑的"构建密码"

那阿尔法狗是如何做到"穷尽"棋盘上的所有可能性的呢？这就要谈到我们上文提到的一个关键词——机器学习。

早期的人工智能主要是通过模式匹配的方式训练，需要事先设定一些规则和关键词，如果输入这些关键词，那么输出相关结果。比如，你输入"推荐几部感人的电影"，机器识别其中的关键词"感人""电影"，就可以从数据库里搜索已经被标注为"电影"的信息，再把其中标注为"感人"的筛选给你。它不需要理解你说的内容，只要触发相应的关键词就行，这叫标签。但是，如果你输入"有哪些值得一看的催泪大片"，他可能就"蒙"了，除非事先你把各种可能遇到的关键词全部设定进去，但这个世界上的问题、说法、答案是不可能穷尽的。

早期的人工智能看似智能，实际上背后有大量的人工支撑，事先设定"无数的如果"，也只能回答一些标准化的简单问题。还有很多知识，对人类来说很容易学习，但是无法教给机器，最经典的例子就是如何让机器识别出一只猫。我们不可能用语言描述清楚到底什么是猫，比如它有四条腿，有尾巴，那么它和狗又有什么区别呢？事先设定无数的"如果"，必然会有遗漏，根本说不清楚。但是，几岁的小朋友都不用怎么教，看几次就会了，这说明人类大脑有独特的学习方式。有没有可能把这种学习方式教给机器呢？这就是机器学习了。

在讲机器学习之前，我们必须搞清楚人是怎么学习的，人脑是怎么学习的。虽然目前人类对于人脑的理解和研究还不够完善，甚至有人说人类永远没法彻底了解人脑，因为"不识庐山真面目，只缘身在此山中"，但是大致的情形，我们是知道的。人脑就是一个大型的神经网络，包含超过1000亿个神经元，突触数量达10～15级，形成了复杂网络，而学习的关键机制就是进行分层信息处理。大脑皮质不同层级分工明确，感知信号由第4层接收，经2～3层整合加工，最终通过第5层输出指令，那我们完全可以用计算机模仿人类大脑神经元的机制，在计算机神经网络输入层输入信息，中间隐藏层负责分析处理，最后输出层给出结果。而多搭建几个隐藏层，让机器拥有更多的神经元，就能处理更复杂的问题了，这就是神经网络。

深度就是更多的隐藏层及其算法中更多的隐藏单元。深度学习是现在 AI 的主要学习方式。比如识别一只猫的问题，不再试图给机器讲清楚什么是猫，而是先给它大量的人工标记好的包含猫的图片，同时给出没有猫的图片作为负反馈，然后让机器自己看，自己总结规律，再进行测试，如果识别率不高，就对各个参数进行微调，继续训练。直到某一天，识别率足够高了，给它任意一张图片，它都能精准地识别出到底是不是猫，那它就算学会了。至于机器是怎么学会的，哪些参数起了关键作用，谁也不知道。

1950 年，图灵在 *Computing Machinery and Intelligence*（《计算机器与智能》）这篇论文中论述过一个观点："学习机器有一个重要的特征，即它的老师往往对机器内部运行情况一无所知。"

那 ChatGPT 又是如何"学习"的呢？ChatGPT 的自我其实就是一个猜词的机器。ChatGPT 就是一个续写机器，对于将要写的下一个词，它会计算出每一个单词的概率，然后选择概率比较大的输出。也就是说，ChatGPT 在最终输出之前会输出几万个小数，每个小数代表一个单词的概率。严格地说，这并不是单词，而是 token，包括所有的单词及各种单词的前缀、后缀、单词连写、表情、特殊符号等。要注意的是，它并非选择最大的概率，而是加入了一种随机性——概率越大就越容易被选中。这样，对于同样的问题也能够生成多样化的结果。

机器如何得到概率呢？靠的是模型计算，模型就是规律，计算的本质就是根据规律生成内容。所谓模型，可以看作一个巨大的数学公式，

ChatGPT 的前身 GPT-3 有 1751 亿个参数。ChatGPT 与其类似，也有千亿级别的参数。正是因为有大量的参数，ChatGPT 就可以拟合海量的人类文本的规律。注意了，ChatGPT 本身是没有数据库的，所有的知识都隐藏在模型参数里，并通过计算概率输出下一个值的方式表达知识，这有点反人类常识，但其实很有意思。这恰恰是学习的本质，就像爱因斯坦说的：所谓学习，所谓教育，就是忘记了老师所教的知识后剩下的部分。剩下的部分是什么？就是神经元的连接，就是神经网络的参数。

GPT 的训练同样模仿了人类大脑的深度学习。人类给它无数的文章、对话，事先标注好分类，如科技类、体育类、游戏类等，再标注清楚哪些是人名，哪些是地名，哪些是电影名，等等。或者是成对的问答。例如，一只兔子有几条腿？一只兔子有两条腿；一只猫有几条腿？一只猫有四条腿。你不用给它解释什么是兔子、什么是猫、什么是腿，只要训练投入的语料规模足够大，它看得足够多，可能就真的自己理解了。当然，如果测试结果不理想，你还是要对它的部分参数进行微调，再继续训练，再测试，再微调，当这种监督学习进行得差不多时就可以进行无监督学习了。你给它无数的新资料，没有任何事先的标注，也没有明确的目的，就是让它自己看。看着看着，它就忽然什么都会了，至于怎么学会的，开发设计的人也无法理解，这就叫"涌现"；用我们人类的话来讲，就叫"顿悟"。只要投入的语料规模足够大，参数足够多，一些能力就"涌现"出来了，这就是 GPT 的"超我"了。

不过，同样的资金、数据、参数，如果用到其他 AI 上，就不一定会有这样的效果了，因为它们的架构不同。比如，输入同样的一段话："我刚在电影院里看完一部电影，那里的环境不太好，爆米花也不好吃，但是电影确实不错。"如果你问不同架构的 AI，这部电影到底好不好看，可能会有不同的理解。卷积神经网络更擅长关注局部特征，很容易注意到有两个"不好"和一个"不错"，有可能会认为电影"不好"或者"说不准"。循环神经网络会按照顺序逐个词语分析，类似一层一层地下楼梯，先经过两个"不好"——最初的注意力会放在"不好"上面，可能也无法正确理解这段话。

而 ChatGPT 架构的核心就是 1.2 节提到的关键词——"基于自注意力机制的大模型"，就是让 AI 自己分配注意力，不用按照特定的顺序处理数据，可以并行处理所有的词语，自己分析应该把更多的注意力放在哪里。举个例子，"文字序顺并不定一影阅响读"。当你看完这句话，才发现这里的字全都是乱的。所以，如果是大段的文字，上下文之间遥远关联，那么不同架构的区别就会更明显。所以，ChatGPT 能这么厉害，除了大量资金的投入、大量芯片算力的投入、大量语料的投喂、大规模的参数训练外，模型本身的架构也很重要。Transformer 就抓住了语言的精髓——模糊性。

1.4 算力 + 算法 + 数据：揭秘 AI 成长的黄金三角

总结一下，ChatGPT 的成功，不仅是一项技术突破，更是 AI 三要素（算力、算法与数据）综合胜利的典范。

1. 算力（compute power）

现代高性能 GPU、TPU，以及分布式计算平台为大规模模型的训练提供了必不可少的硬件支持。ChatGPT 的训练需要处理海量的参数和数据，这离不开强大的算力支持，使得数十亿甚至上百亿级别的参数优化成为可能。

2. 算法（algorithm）

ChatGPT 背后的核心架构是 Transformer，它通过自注意力机制实现了对上下文长距离依赖关系的高效捕捉。这种架构不仅极大地提升了模型生成连贯的自然语言的能力,也为多层次深度学习提供了新的范式。从 GPT-1 到 GPT-3,再到现有的大语言模型,每一次算法的革新都推动了模型表现的飞跃。

现在,Transformer 是包括 ChatGPT、DeepSeek、Gemini、Grok、Claude 等在内的几乎所有主流大语言模型的底座。

3. 数据(data)

海量、多样化的文本数据为 ChatGPT 奠定了学习语言和知识的基础。在预训练阶段,模型通过阅读书籍、文章、网页等各种来源的数据,逐渐掌握了语言的语法、语义和丰富的背景知识。这种数据驱动的学习方式使得模型能够在生成文本时展现出惊人的广度和深度。

综合来看,ChatGPT 能够从简单的"猜词游戏"进化为能够理解、生成乃至创造复杂语义的智能对话系统,正是依赖这三大要素的协同作用。算力为模型训练提供了动力,先进的算法让模型拥有了理解和表达能力,而丰富的数据则让它学会了人类语言的精髓。正是这三者的完美结合,推动了 AI 从早期的模式匹配走向真正的智能化。

下面再举一个例子,帮助大家理解"AI 是怎么学习的"及 AI 的三要素。

AI 的学习方式在本质上与学生的学习方式非常相似,我们可以用一个类比解释 AI 的三要素(数据、算力、算法)如何对应人类的学习过程:

数据 = 教科书与经验

算力 = 人脑的思考与记忆能力

算法 = 学习方法与思维方式

1. 数据——AI 的"教科书"

学生学习语言、知识、技能，必须依赖大量的信息输入，如书本、课堂教学、父母的言传身教，甚至是在日常观察到的事物。同样，AI 也需要大量的数据进行学习，比如 ChatGPT 训练过程中就需要海量文本数据。

学生学习语言时，会听父母讲话、阅读课本、和朋友交流，这些都是"数据"。AI 学习语言时，会接收大量书籍、文章、对话的文本数据作为"学习材料"。

如果一个人从小生活在孤岛上，周围从没有人跟他说话，他很可能学不会任何语言。同样，如果 AI 没有数据作为输入，它也无法学会生成有意义的文本。

2. 算力——AI 的"大脑"

学生的学习不仅依赖教科书，还依赖他们的大脑。大脑的计算能力（即神经元处理能力）决定了他们能否快速理解、记住知识并加以运用。同样，AI 也依赖强大的算力（计算资源）进行模型训练和推理。

如果一个学生拥有较强的记忆力和逻辑推理能力，他就能很快地掌握知识、解决问题。

AI 也需要强大的计算能力（GPU、TPU 等）处理海量数据，并执行复杂的数学计算任务，从而高效学习和生成内容。

算力的强弱直接决定了 AI 能学习多快、能处理多少数据。算力不足的 AI 就像一个学习能力较弱的学生，需要更长时间才能理解同样的知识。

3. 算法——AI 的"学习方法"

学生在学习过程中，不仅需要书本和大脑，还需要合适的学习方法。有些学生擅长通过做题掌握数学概念，而有些学生则擅长通过讲解或者动手实践来理解。类似地，AI 也需要有效的"学习方法"，这就是算法。

学生学习新知识时，会使用不同的方法，如机械记忆、归纳总结、类比推理。AI 则通过不同的机器学习算法（如监督学习、无监督学习、强化学习）归纳、理解、预测并优化结果。

ChatGPT 这样的 AI 模型使用的是深度学习算法，特别是 Transformer 结构，它通过"自注意力机制"学习文本中的上下文关系，从而更好地理解人类语言。

如果一个学生学习方法得当，就可以事半功倍，快速掌握知识并灵活运用。同样，如果 AI 采用高效的算法（如 Transformer），就可以在更短的时间内训练出更优秀的模型，理解更复杂的语言模式。

1.5　AGI 前夜：语言模型开启的通用智能之门

上文我们回顾了 AI 发展史上几个让世界震惊的标志性时刻。

尽管深蓝和阿尔法狗都是 AI 发展史上的里程碑，但 ChatGPT 等大语言模型（如 GPT-4、Claude、Gemini 等）的出现，才是真正将 AI 推向通用人工智能（artificial general intelligence，AGI）的关键一步。为什么这么说？

1.5.1　深蓝和阿尔法狗的局限性——狭义 AI 的胜利

深蓝和阿尔法狗的胜利本质上是狭义人工智能（narrow AI）的胜利，它们虽然能在特定任务上超越人类，但无法通用于其他任务。

第 1 讲 AI 进化史：从机械大脑到数字魔法师

1. 深蓝：暴力计算的巅峰

深蓝的核心是穷举搜索 + 规则计算，它的工作方式是：通过强大的计算能力，在短时间内分析尽可能多的棋步组合；使用人类棋谱数据和评分函数选择最佳策略。

深蓝的成功在于计算能力的爆炸式提升，而不是"智能"本身。如果换个棋盘游戏——比如围棋，深蓝就完全无法适应了。

2. 阿尔法狗：深度学习 + 强化学习的突破

阿尔法狗引入了深度神经网络和蒙特卡洛树搜索（MCTS），这是比深蓝更接近人类的学习方式：通过自我对弈进行强化学习，而不是完全依赖人类棋谱；它能创造性地下棋，比如李世石在 2016 年与阿尔法狗对弈时的"神之一手"背后的策略，阿尔法狗已经提前发现。

尽管阿尔法狗这种 AI 的确非常强大，但是也有缺陷，就是它只会下围棋，让它打麻将就不会了。或者说，标准的围棋棋盘是 19 乘 19 的，如果换一个 15 乘 15 的棋盘，它可能也就"蒙"了，不会玩了。而对于大语言模型来说，它们什么都会，正如维特根斯坦所说：语言即世界。

1.5.2 ChatGPT 等大语言模型的突破：从工具到智能体

相比之下，大语言模型的突破不仅是战胜人类在某项任务上的能力，而是迈向通用智能的一个巨大飞跃。

ChatGPT 的核心能力是将语言作为智能的基石。ChatGPT 的最大突破是理解和生成自然语言，即能够像人类一样处理文本，涵盖对话、写作、翻译、代码等多种能力。ChatGPT 具有跨领域知识整合能力，它不像阿尔法狗那样只会下围棋，ChatGPT 能同时涉及数学、物理、文学、哲学等多

15

个领域，并进行知识融合。ChatGPT 还具有类推理能力，它可以在没有明确规则的情况下进行逻辑推理、推测因果关系，甚至分析人类心理和社会现象。

语言是人类思维的核心，能流畅地使用语言，就意味着 AI 具备了一定的"泛化能力"。与深蓝和阿尔法狗相比，ChatGPT 的适应能力更强，能够解决大量开放性问题，这是向 AGI 迈出的关键一步。ChatGPT 具有可扩展性，它不只是一个模型，更是一个平台，ChatGPT 模型可以通过 API 接入各种系统，适应不同任务。

代码助手（如 Copilot）：可以编写和优化代码。

医疗 AI：可以辅助医生进行疾病诊断和医学研究。

教育 AI：能为学生提供个性化辅导。

这种通用性和可扩展性远超以往任何 AI 模型，使得大语言模型成为未来 AGI 的核心技术之一。

为什么大语言模型代表通向 AGI 的关键一步？因为大模型具备"类通用智能"的特性。与深蓝和阿尔法狗的单一任务能力相比，ChatGPT 展现出多个接近通用智能的特征。

（1）语言理解（能阅读并推理）。

（2）知识整合（可结合不同领域的信息进行回答）。

（3）上下文学习（可以根据对话历史调整回应）。

（4）多模态扩展（可以理解文本、图片、音频，未来还可能扩展到视频）。

这些特性让它更接近人类的学习方式，而不仅仅是一个"高级计算工具"。它从被动执行到主动推理，过去的 AI（如深蓝和阿尔法狗）都是被动的，必须在人类设定的规则下执行任务。而 ChatGPT 等大语言模型则可以做到以下 3 点。

（1）主动提出问题，而不仅仅是回答问题。

（2）基于不完整信息推理，类似人类的逻辑思考。

（3）理解隐含意图，进行社会化交互，如安慰用户、表达幽默感。

尽管 ChatGPT 已经展现出强大的能力，但要真正实现 AGI，还需要突破以下关键问题。

（1）长期记忆能力：目前的 GPT 主要依赖短期上下文窗口，无法真正"记住"长时间的历史。

（2）真正的因果推理：当前的大语言模型仍然主要依赖概率预测，而不是基于因果关系进行推理。

（3）自主学习和目标设定：AGI 需要自主设定目标，而不是被动响应人类的输入。

如果 ChatGPT 继续演化，将会发生什么事情呢？

（1）智能助理全面普及：AGI 助手有助于管理个人事务、进行学习规划，甚至能与人类共创作品。

（2）全自动科研：AI 能够自主提出科学假设，设计实验，并进行创新发现。

（3）人机共生社会：人类与 AGI 深度合作，实现科技飞跃。

ChatGPT 是通向 AGI 的里程碑。从深蓝到阿尔法狗，我们看到 AI 在狭义智能上的突破，而 ChatGPT 代表的是迈向通用智能的关键一步。它不仅具备语言理解和跨领域知识整合的能力，还展现初步的推理和适应性，这让 AI 不再只是工具，而是一个真正的智能体。

未来，随着更强大的模型、记忆系统、因果推理能力的加入，ChatGPT 将成为真正的 AGI 前身，推动人类进入一个人机共生的新时代。

1.5.3 大语言模型可能存在问题，但依然是通向 AGI 之路

大语言模型，不管是 GPT、DeepSeek、Grok 还是豆包，它们的核心本质都是概率分布的模拟器，而不是知识库。它们不是在搜索验证已有的内容，而是在生成新的内容，生成的内容是通过预测最有可能出现的文本组合。

这句话可能不太好理解。举个例子，AI 知道"冰激凌在太阳下会融化"并不是因为它理解了热力学定律，而是因为在它学习的海量文本里，"冰激凌"和"太阳"共同出现时，"融化"这个词出现的概率远远大于"凝固"，所以它会输出：冰激凌在太阳下会融化。

AI 在处理常识性问题的时候，基于统计学逻辑得出的答案一点儿问题都没有。但在处理一些有深度的复杂问题的时候，因为训练数据不足，它就会自作聪明地去强行"完形填空"，生成一些看似合理实际上非常错误的结论，就像虚构一些学术论文。

比如，我讲课时需要介绍量子计算机，就会让 AI 帮我提供量子计算领域的最新参考文献。结果，它给我一个《量子纠缠在药物研发中的应用》（作者：John Smith, 2024 年在 *Nature* 刊载），但实际上 *Nature* 中并不存在该论文。你问 AI："2023 年诺贝尔物理学奖得主是谁？"AI 可能会告诉你："2023 年诺贝尔物理学奖由约翰·史密斯博士获得，他因在量子隐形传态领域的突破性贡献而获奖。"

这听起来像模像样，甚至有具体的人名和研究方向，但事实是——诺贝尔物理学奖获得者中根本没有这个人！

这种自信满满的造假能力正是 AI 幻觉的经典表现。为什么会发生这种事呢？很重要的一点是，大语言模型跟人脑不一样，他没有自我觉知的

第 1 讲 AI 进化史：从机械大脑到数字魔法师

能力，也就是原认知的能力。它不知道自己不知道，就会导致当问题超出它的能力边界的时候，它会"张口就来"，一定要给出一个答案——哪怕这个答案是错的。这是因为从大语言模型的第一性来说，它是要"接话"，对错不重要，接住你的话才重要，这其实挺危险的。更有意思的是，如果它回答的错误内容被你指出之后，它不会觉得有什么问题，只会说"抱歉"，然后夸你"厉害""发现了我的错误"。所以，我们在使用 AI 的时候，只有理解了它的原理，知道了它的这些弱点，才能够更好地让它帮助我们进行内容生产。

那 AI 的正确打开方式是什么样的呢？怎么避免 AI 出现幻觉呢？

第一是优化提问方式。这就是我们通常说的设置提示词，要尽量避免提出模糊不清的问题。比如，不要问："人类什么时候能实现永生？"而要问："请基于近 5 年 *Science*、*Nature* 发表的寿命延长相关的论文和全球百岁老人数据库的人口统计模型，量化分析当前技术下人类寿命延长的理论极限，排除伦理争议和资金限制因素。"

第二是交叉验证。你在询问一些重要的问题如法律条文、学术结论的时候，不要只依赖 AI 的回答，一定要通过多方信任交叉，验证一下这个说法到底是不是真的，或者通过互联网搜索去找信息的源头。

第三是分批输出。如果你要处理长文本内容，可以分几次发给它，不要一次性发给它，因为它有可能会忘记你前面发给它的东西是什么，导致后面乱输出。

第四是学会选择模型。当你提的问题是跟创意相关的，那么建议用基础大语言模型 GPT-4o 或者 DeepSeek V3。如果你提的问题是与事实、逻辑、推理相关的，建议用推理模型 Open AI O1 或者 DeepSeek R1，因为 AI 模型也跟人类大脑一样，有两套系统——系统 1 快思维和系统 2 慢

19

思维，快思维偏直觉，它会很快地给出一个答案；但是对于某些问题，它可能会失误。而慢思维思考的时间会更长，消耗更多电力和算力，但是它可能会给出一个正确的答案。这好比我们问"9.11 和 9.9，哪个更大"，基于快思维的基础模型都有可能答错，但基于慢思维的推理模型答案都是对的（具体讲解参见 5.1 节）。

目前，这些高级模型的出现只是冰山的一角，未来大家可能会看到越来越多类似这样的技术：它不仅能够懂你说什么，还懂你心里想什么。今后，人们可能会花更多时间跟 AI 聊天，而不是跟真人聊天。这既令人兴奋，又有一点让人担心。令我们兴奋的是，科技正在以前所未有的方式贴近人性；而让我们不安的是，我们可能还没有准备好去面对这种高智商、高情商的 AI。也许，这种高智商、高情商 AI 升级到极致的时候，才是真正的 AGI 时刻的来临。

第 2 讲

感官革命：
AI 的"多感官"觉醒

机器是否具备类似人类的感官呢?或许可以用人类认知世界的方式来理解:比如,当父母指着苹果告诉孩子"这是苹果"时,或播放鸟鸣声解释"这是小鸟的声音"时,孩子便逐渐建立了对事物的认知。人工智能的学习过程也遵循类似的逻辑——通过摄像头捕捉视觉信号"观察"世界,借助麦克风接收声波振动"聆听"环境,并依靠预先设计的算法程序"解读"这些信息,进而完成对外界的理解与反馈。接下来,我们将揭开机器如何将图像、声音、文字转化为它能理解的"语言"的秘密。

第 2 讲 感官革命：AI 的"多感官"觉醒

2.1 声波解码术：机器如何"听懂"你的悄悄话

假设我们要教一个外星人理解中文：它得先听见我们的声音，再把声音拆成小零件，最后拼出完整的意思。AI 的语音识别过程也是这样的，它用数学和大量练习来完成这项任务。接下来，我们一步步看 AI 是怎么听懂人类说话的。

1. 第一步：录音——AI 用"耳朵"听声音

当你对着手机说"明天天气怎么样？"时，手机的麦克风就像 AI 的耳朵，把声音（空气的振动）变成电信号，再把这些电信号变成数字代码，以方便 AI 处理。

简单理解：想象你的声音是一条波浪线，AI 会用"相机"快速连拍，把它变成很多小点，每秒要拍 44 100 次。这些小点像"拼图块"，AI 要用它们拼出你的完整声音，波浪线局部放大后的效果如图 2-1 所示。

图 2-1

2. 第二步：降噪——在吵闹的地方听清你的声音

当你在菜市场、大街上或者有风的地方讲话时，周围会有很多噪声，

23

如汽车声、风声、键盘声。AI 必须学会分清哪个是你的声音，哪个是噪声，这就是"降噪"技术。

那么 AI 如何做到这两步的呢？

（1）频谱分析：AI 像调色师一样，会把声音分成不同的"颜色"（频率），只保留人类说话的声音范围（80~8000Hz）。

（2）动态降噪：如果突然有一辆汽车鸣笛，AI 就会像"调收音机"一样，自动降低噪声的音量，让你的声音更清晰。

简单理解： 你在 KTV 唱歌时，虽然旁边有人在吵闹，你还是能听清楚原唱的歌词，这就是降噪的效果。

3. 第三步：拆解声音——让 AI "看见"声音的形状

AI 不能直接理解声音，它需要先把声音变成数字特征，再"猜"出你说了什么。这一步，AI 用了一种叫 MFCC（梅尔频率倒谱系数）的技术，相当于把声音变成一张"声音指纹"图片。

AI 会拆解声音成以下这些特征。

（1）音调：区分男声、女声、儿童的声音。

（2）长短：AI 能听出"啊——"和"啊"的区别。

（3）口形：嘴巴形状会影响声音，比如"啊"和"哦"发音不同，AI 可以分析出它们的区别。

简单理解： 你用眼睛看朋友的脸来认人，AI 用数学方法"看"声音的形状来认出你说了什么。

4. 第四步：猜字游戏——AI 如何拼出完整的句子

AI 听到你的声音后，不会直接知道你说了什么，而是用"拼音＋猜测"来完成识别。它有一个超级大字典，里面存了数百万个词语和句子，可以快速匹配你的发音，找出最可能的单词。

AI 是这样做的：

（1）声音切片：AI 会先把你的句子拆成很多小块，比如"ｚｈ"+"ong"="中"。

（2）拼音匹配：AI 会在它的字典里找出最合适的汉字组合，比如"zhong guo"="中国"。

（3）上下文推理：如果你说"我要订一张去北京的 fei 票"，AI 知道你想说的是"飞机票"，而不是"废票"。

简单理解： 玩个填词游戏："春天来了，__ 子飞回来了。"相信你会填"燕"，而不会填"蚂蚁"。AI 也是这样，它会根据前后单词猜出你真正想表达的意思。

5. 第五步：纠错优化——AI 像老师改作文

AI 并不是每次都能 100% 听对，但它会用机器学习不断改进自己，让错误越来越少。

那么 AI 是怎么学会纠错的呢？

（1）大数据学习：AI 听过亿万句人类对话，它知道"红烧牛肉"后面应该接"面"而不是"电脑"。

（2）自我修正：如果用户经常把"fei"纠正成"飞"，那么 AI 下次会更倾向于选择"飞"，而不是"废"。

（3）个人习惯适应：手机输入法越用越懂你，因为它记录了你的常用词。

简单理解： 语文老师会帮助学生修改作文，AI 也会自己"改作业"，让自己变得更聪明。

6. 第六步：AI 语音识别的核心算法（通俗解释）

（1）隐马尔可夫模型（HMM）：这是一种用来"猜测"你的下一句话的方法。它会把你的讲话拆成一个个小片段，计算每个片段最有可能是什么。

简单理解：你听到"谢谢你＿＿＿＿＿＿＿"时，大概率会想到"谢谢你帮助我"而不是"谢谢你打我"。AI 也是这样，会根据大数据计算最合理的单词组合。

（2）深度神经网络（DNN）：DNN 就像 AI 的大脑，它能学会不同人说话的方式，并自动适应不同的发音和口音。例如，普通话里的"鞋子"在四川话中听起来像"孩子"，但 AI 可以通过学习调整让四川人和北京人都能顺利进行语音输入。

简单理解：你第一次听四川话可能会听不懂，但听多了你就会明白。AI 也是这样，它通过不断学习来理解不同的说话方式。

现在 AI 的语音识别还不完美，那么它面临哪些挑战呢？

（1）多人同时讲话会混乱：如果你和朋友同时对同一部手机说话，AI 可能会听不清你们谁在说什么，这叫鸡尾酒会效应。

（2）悄悄话很难被识别：如果你低声耳语，AI 可能听不清声音特征。

（3）方言挑战：虽然 AI 已经能识别部分方言，但仍然不能像语言学家一样理解所有口音。

未来，AI 语音识别功能会更厉害，不仅会有更强的降噪技术，让 AI 能听清嘈杂环境下的语音，而且方言适应能力会提升，能更精准地理解各地口音。

AI 的听话魔法：每次你用手机进行语音输入，AI 都在做一场超级复杂的计算。

步骤 1：录音，AI 像耳朵一样捕捉声音。

步骤 2：降噪，去掉背景噪声，保留你的声音。

步骤 3：把声音拆解成"指纹"，找到特征。

步骤 4：猜字游戏，把声音拼成完整的句子。

步骤 5：纠错优化，像老师改作文，让自己变得更聪明。

其实，AI 并不是真能"听懂"人类语言，它只是用数学和大量的数据，把声音转换成我们能理解的文字。这项技术正在改变世界，让人与机器的交流变得越来越自然。

2.2 像素捕手：从数字盲到万物识别大师

想象一下，你在玩一款"找不同"的游戏：你需要仔细观察两张图片的细节，找到它们的不同之处。AI 在识别图片时，也是用类似的方法来分析每个细节。但不同的是，AI 没有眼睛，它只能用数字来"看"世界。那么，它是怎么做到的呢？

2.2.1 教机器认数字——像放大镜一样观察细节

机器眼中的图片，并不是我们平时看到的五颜六色的照片，而是一张由无数个小方格（像素）组成的"马赛克画"。每个小方格都有一个颜色值。例如：

- 纯白色 = 255
- 纯黑色 = 0
- 灰色 = 0 到 255 的数值

假设当 AI 看到一个手写的数字"7"，它不会直接识别出来，而是先把这张图片变成一个 28×28 的小方格，一共 784 个像素，每个像素都有不同的灰度值。你可以把这个过程想象成放大一张照片，直到变得很模糊，你会看到它是由很多个小格子组成的，这些格子就是像素。AI 通过读取这些像素的数值，找到数字的形状。

那么，AI是如何知道哪个像素属于数字，哪个属于背景呢？这就要靠学习。科学家给AI看5万张手写的数字图片，每张图片都标注了正确的答案（比如"这是2"）。AI通过不断比对，总结出一定的特征（规律）。比如：

"0"中间有个洞；

"9"像气球加个尾巴；

"7"由一条横线和一条斜线组成。

到了1998年，法国科学家杨立昆发明了一种"简单神经网络"，让机器的数字识别准确率达到98%，甚至比邮局的人工分拣员还要准。正是因为这个贡献，杨立昆后来获得了计算机科学的最高奖项——图灵奖。

2.2.2 从数字到猫狗——AI是如何"看"图片的

如果AI要识别的不是数字，而是更复杂的事物，比如一只猫或一辆汽车，它需要更强大的方法。这时，科学家发明了一种叫作卷积神经网络（CNN）的算法，可以让AI像人类一样分层次地分析图片。

那么CNN是如何工作的呢？

我们把它想象成一组放大镜，我们在看图片时，并不是一下子就看到所有细节，而是先看整体，再关注细节。CNN的工作方式也是这样的，它会用一层层的"放大镜"来看图片。

（1）第一层放大镜（边缘检测）：这一层专门找"线条"，比如"7"字的斜线，或者猫的耳朵轮廓。你可以想象它是用铅笔轻轻描出图形的边缘。

（2）第二层放大镜（形状识别）：这一层把线条拼成更复杂的形状，如

第 2 讲 感官革命：AI 的"多感官"觉醒

圆形、三角形、矩形。比如，它会发现猫的耳朵是三角形，车轮是圆形。

（3）第三层放大镜（整体识别）：这一层把所有的形状组合起来，判断这到底是什么东西。比如，两个尖耳朵＋胡须＋竖瞳孔＝猫，圆形轮子＋座椅＝自行车。

这些"放大镜"是怎么工作的呢？这里就用到了矩阵运算。你可以把 AI 想象成一张透明的网格盖在图片上，每次移动一点点，然后计算图片的局部特征。AI 会不断地扫描整个图片，把这些特征组合起来，最终得到一个完整的识别结果，如图 2-2 所示。

图 2-2

扫码看
高清原图

这个方法最早是由华人科学家李飞飞发明的，她让 AI 学习了 100 万张标注好的图片（ImageNet 数据集），通过不断训练，AI 终于学会了识别猫、狗、汽车等各种物体。

CNN 之所以适合图像处理，是因为它能有效地利用图像的空间信息。例如，猫的耳朵——无论左边还是右边，它们的特征都是相似的，因此

CNN 可以通过卷积操作，让同样的"放大镜"在不同位置反复扫描，提高识别的稳定性。

但是，CNN 在处理语言的时候却产生了一些问题，因为语言不像图片那样是"二维"的，而是一维的序列，每个单词的顺序很重要。如果你颠倒一下"我爱你"和"你爱我"的顺序，意思就完全变了。CNN 无法准确理解这种顺序关系，所以我们在第一讲讲大语言模型时强调，不管是 GPT 还是 DeepSeek，它们用到的都是 Transformer 模型。

Transformer 的核心是"注意力机制"（attention），它不像 CNN 那样逐层扫描图片，而是同时看整句话的所有单词，然后计算它们彼此的关联。例如，在句子"猫坐在垫子上"中，Transformer 可以发现"猫"这个词和"坐"这个动作之间的关系比"垫子"更强。

Transformer 的另一个优势是可以处理长距离的依赖关系。比如，在句子"虽然天气很冷，但我还是出去跑步了"中，最重要的信息是"虽然"和"但"之间的对比，而 CNN 在处理这种长距离的关系时会变得很困难，而 Transformer 可以轻松找到这些词之间的联系。

所以，总结出 CNN 和 Transformer 的区别如下。

（1）CNN 适合图片，因为它擅长分层次提取局部特征，如边缘、形状、整体物体。

（2）Transformer 适合语言，因为它擅长全局理解，能同时关注整个句子的所有部分，并计算单词之间的关系。

这种区别决定了 CNN 主要用于图像识别，比如让手机相册自动分类，或帮助自动驾驶汽车分析路况。而 Transformer 则用于处理文本，比如让 AI 能理解和翻译语言，或者让聊天机器人准确回答你的问题。而现在多模态的 AI 可以把这两种能力结合起来，让机器不仅能看懂图片，还能理解

第 2 讲 感官革命：AI 的"多感官"觉醒

图片背后的故事。

2.2.3 手机相册的智能分类——AI 如何整理你的照片

以前，我们在相册里找照片，通常需要自己记住照片的名字，比如"2024 年暑假海边旅行"或者"爸爸的生日派对"。如果想找到这些照片，就要在搜索框里输入完全匹配的文字，比如"海边"或者"生日"，才能找到相关照片。如果你写错了字，或者记错了照片的名字，就可能找不到。

现在，AI 变得更聪明了，不再只是匹配文字，而是真正理解照片的内容，就像一个能听懂你话的"小助手"一样。你不需要记住照片的名字，也不需要自己标记，AI 会自动帮你整理和分类。

AI 是怎么做到的呢？

当你用手机拍照时，AI 会自动分析照片里的内容，并加上合适的"标签"，就像给照片贴上小标签纸。比如，你拍了一张野餐的照片，AI 会进行具体分析。

（1）物体检测：AI 先识别照片里有哪些物品，如三明治、苹果、野餐垫。

（2）脸部识别：如果照片里有你和你的家人，AI 会匹配相册里熟悉的面孔，知道这是你们拍的合照。

（3）场景推理：如果照片里有草地、食物，还有大家的笑脸，AI 会推测这是一次野餐，并自动给照片加上"野餐""户外""开心时光"等标签。

（4）情感分析：AI 会观察人们的表情，如果大家都在笑，它会判断这是一个"欢乐时光"。

这样，下次你想找这张照片时，就不需要输入"2024年6月野餐照片"这样准确的词，只需要随便说一句"上次和家人一起在草地上吃饭的照片"，AI就能理解你的意思，并很快找出相关的照片。

那么AI的"理解能力"是怎么获得的呢？

（1）理解图片的意思：AI会用深度学习训练自己，让自己变得像人一样聪明。比如，它看过上百万张"野餐"照片，知道大部分野餐照片都有草地、食物、蓝天和微笑的人。于是，它看到一张类似的照片时，就能推测出这是"野餐"，即使照片里没有明确写着"野餐"这个词。

（2）理解你说的话：AI现在还能理解自然语言。比如，你搜索"我去年冬天堆雪人的照片"，AI会明白"去年冬天"＝2024年的冬天，"堆雪人"＝可能是雪地、孩子、戴着手套的人，然后从相册里帮你找出所有相关的照片，而不仅仅是匹配文字。

AI还能做什么呢？

（1）智能回忆助手：假如你记不起具体的时间，但还记得那天你穿了红色的衣服，AI就可以通过颜色识别，帮你找到"穿红衣服的照片"。

（2）场景搜索：如果你想找到"所有有蛋糕的照片"，AI会自动找出所有有蛋糕的生日派对、婚礼、下午茶照片，而不是只看照片的文件名。

（3）人物分类：如果你想找和好朋友小明的所有合照，只需要输入"小明的照片"，AI就会自动识别他在所有照片中的身影。

未来，AI可能会变得更聪明。

以后，AI不仅能找到照片，还能帮你讲述故事。比如，你问："去年我们去了哪些城市旅游？"AI可能会帮你回忆："你去年去了上海、北京和广州，这些是你在这些城市的照片。"它甚至可以自动生成一本"旅行日记手册"，把所有相关的照片、视频和你的足迹整理好，让你一键回忆美好时光。

从以前的"死记硬背"到现在的"真正理解"，AI 已经变成了一个聪明的助手，不仅能看懂文字，还能看懂照片、理解你的话，甚至能推测你的想法。未来，它可能会变得更厉害，成为你生活中的"记忆管家"。

2.2.4 未来，AI 如何真正"看懂"世界

未来的 AI 不仅能像人类一样"看"世界，还能"看到"人类肉眼看不到的东西。是的，AI 的视觉正在变得越来越强，从最初只能辨认简单数字，到现在可以读懂 X 光片、分析卫星地图，甚至帮助科学家探索宇宙。AI 的"眼睛"正在变得比人类更厉害，它不仅能"看"，还能理解世界的运作方式。

1. AI 医生：帮医生发现看不见的疾病

在医院里，医生需要用 X 光、CT 扫描、超声波等工具检查病人身体内部的情况。以前，医生需要自己仔细看这些影像，寻找发生病变的地方，但有些疾病的征象极不明显，很难被发现。

AI 可以成为医生的"超级放大镜"。它可以快速分析成千上万张医学影像，找到那些肉眼难以察觉的异常。

（1）发现早期癌症。AI 可以在 X 光片上找到比针尖还小的肿瘤，比人类医生更早发现癌症，提高治愈率。

（2）识别眼科疾病。AI 可以分析视网膜照片，提前发现糖尿病引起的眼部问题，防止视力下降。

（3）预测中风风险。AI 可以通过分析脑部扫描图像，提前发现哪些人有中风的可能，让医生提前采取预防措施。

未来，也许患者只需要拍一张照片，AI 就能帮患者检查身体状况，使其更早得到治疗，如图 2-3 所示。

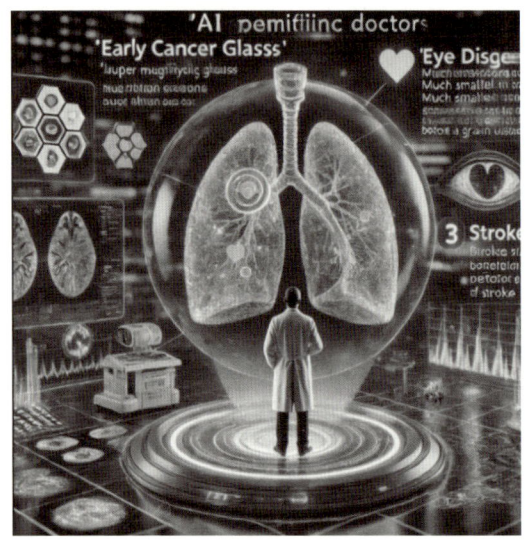

图 2-3

扫码看
高清原图

2. AI 农民：用卫星帮农田和庄稼"看病"

在农场里，农民需要观察庄稼的生长情况，判断庄稼是不是生病了。以前，人们只能靠经验，如果发现叶子变黄了，才知道庄稼生病了，但那时候已经太晚了。如今，有了 AI 帮忙，农民的本领就大多了。

AI 可以借助卫星遥感技术，从太空"俯视"整个农田，通过颜色、湿度、光反射的变化，提前发现可能的病虫害。

（1）预测干旱。AI 可以分析农田的颜色，发现哪些地方的庄稼缺水，提醒农民提前灌溉。

（2）发现病虫害。AI 可以看出哪些农作物颜色异常，可能是被虫子咬了，让农民提前喷洒农药。

（3）智能施肥。AI可以分析土壤的养分含量，告诉农民哪些地方需要施肥，哪些地方不需要，减少浪费现象。

未来，AI可能会成为最聪明的农民，让全球的粮食生产变得更高效、更环保，如图2-4所示。

图2-4

3. AI科学家：探索微观世界，发现新生命

科学家用显微镜观察细胞时，往往需要很长时间才能找到特殊的细胞，比如血液里的癌细胞，或者细菌中的新种类。人眼很容易疲劳，但AI可以24小时不停工作，帮助科学家更快发现隐藏的微生物。

（1）AI可以自动分类血细胞。帮助医生判断病人的健康状况。

（2）AI可以分析细菌的形状。发现新的细菌种类，甚至可能找到抗生素的新来源。

（3）AI可以追踪癌细胞的扩散。帮助医生更好地理解癌症的发展过程，找到新的治疗方法。

未来，也许AI能帮助科学家发现地球上从未见过的新生命，甚至在外太空找到外星微生物。

4. AI艺术家：让机器理解美和创造力

AI不仅能看懂医学和科学，还能理解艺术和美。现在，AI已经在多个艺术相关领域展现了非凡的能力。

（1）鉴定画作真伪。AI可以分析绘画的笔触，分辨哪些是真正的梵·高作品，哪些是假的。

（2）修复古老的艺术品。AI可以学习画家的风格，自动修复破损的名画，让它们恢复原貌。

（3）帮助音乐创作。AI可以分析上千首音乐，学习不同风格，然后创作出新的音乐，甚至可以和人类音乐家合作。

未来，AI也许能成为"数字艺术家"，帮助人类创作从未见过的艺术作品，让世界更加多彩。

5. AI宇航员：探索宇宙的奥秘

我们都知道，宇宙非常大，科学家用望远镜观察星空，寻找新的行星和星系。但宇宙里的星星太多了，科学家不可能一颗颗地去研究，所以他们找来AI帮忙。

（1）AI可以分析天文学数据。自动找到新的星球，甚至可能发现适合人类居住的"第二个地球"。

（2）AI可以控制太空探测器。AI能帮助科学家在遥远的星球上导航。比如，美国航空航天局（NASA）的"毅力号"火星探测器就用AI自动分析地形，避开障碍物，自己找到安全的行走路线。

（3）AI可以预测宇宙灾难。比如，AI可以预测小行星是否会撞击地球，让科学家提前做好准备。

未来，AI 也许能帮助人类寻找外星生命，甚至带领人类走出地球，探索整个宇宙。也许有一天，AI 会真正理解"夕阳无限好"的画意，甚至能在火星的黄昏中，欣赏一场外星日落。而人类将因为有了 AI 的帮助，变得更聪明、更自由，去探索更广阔的世界。

2.2.5　AI 也会看错：当机器的眼睛看错世界

AI 的眼睛可以看到很多东西，如汽车、信号灯、行人，但它和人类的眼睛不一样，有时候会被"骗"。人类有大脑，可以通过经验和常识判断看到的东西，但 AI 是靠数字和图像计算识别物体的，所以有时候它会出现一些让人哭笑不得的"视觉异常"。

1. 对抗样本：被小纸片骗倒的 AI

AI 识别交通标志时，会分析它的形状、颜色和上面的文字。但如果有人在停车标志上贴几张小纸片，AI 可能会误以为这不是"停车"标志，而是"限速 50 千米"标志。

为什么会这样？

AI 不能像人类那样真正"理解"一个标志的意思，而是通过像素的排列方式识别它。那些小纸片可能刚好让 AI 的计算发生偏差，就像你玩拼图时，有人偷偷换了一块，结果你拼出来的图案就"走样"了。

现实中的问题：有科学家做过实验，在一个"停止"标志上加了黑白色的小贴纸，结果 AI 误以为是"限速 45"的标志。如果自动驾驶汽车"看错"了标志，可能会导致在本应该停车的地方，汽车却继续行驶，这非常危险。

2. 光影陷阱：AI 被影子吓到

假设傍晚时分，你正在马路上走着，突然看到一条很长的影子横在路上，你会立刻明白："哦，这是太阳照在树上留下的影子，根本不是障碍物。"但是 AI 机器人就没这么聪明了，它可能会误以为影子是一堵墙，然后猛踩刹车。

为什么会这样？

原来，AI 在训练时，大多数情况下影子不会对它造成影响。但当影子特别长、特别黑或者形状怪异时，AI 就会"疑神疑鬼"，不敢前进。特别是在夕阳西下时，影子会拉得特别长，AI 可能会误以为前面有障碍物，导致不必要的紧急刹车。

现实中的问题：有些自动驾驶汽车在隧道口或桥梁下行驶时，会因为光线变化太快，导致 AI 短暂"失明"，无法正确识别前方道路。这时候，如果车子突然刹车，后面的车可能会追尾。

3. 拟态迷惑：AI 以为人是斑马线

假设一个人穿了一件黑白相间的条纹 T 恤站在马路边。AI 很可能会误以为那是斑马线。

为什么会这样？

原来，AI 识别物体时，是通过颜色、形状和排列方式来判断的。如果你的衣服正好和斑马线的颜色、纹路很像，AI 就可能会混淆。对于人类来说，我们看到的是"穿着条纹衣服的人"，但 AI 只是看到了一组黑白相间的条纹，它并不知道这其实是衣服。

4. 透明障碍物：AI 看不见玻璃

你有没有这样的经历——不小心撞到玻璃门。因为玻璃太透明了，有时候连人都会看不出来，更别说 AI 了。如果前方有一面干净的玻璃墙，AI 可能完全不会意识到它的存在，直到撞上去才发现。

为什么会这样？

原来，AI 主要依赖摄像头识别物体，但玻璃是透明的，它不会像普通物体那样有清晰的边缘和颜色。人类通过光线的反射和周围环境来推测玻璃的存在，而 AI 如果没有装上额外的传感器（比如雷达），就很容易"视而不见"。

现实中的问题：为了防止自动驾驶汽车误撞玻璃门，很多自动驾驶汽车会配备激光雷达，用光束扫描物体的距离，而不是仅仅依赖摄像头。

5. AI 不懂"常识"

人在开车时，不仅仅是看东西，还要理解看到的东西。例如，如果你驾驶汽车看到前方有一个足球在滚动，你可能会立刻想到：这个足球可能是小朋友踢出来的，小朋友可能会从后面冲出来。于是，你会放慢车速。

AI 会怎样处理呢？它可能只会看到"足球"这个物体，而不会想到可能会有小朋友。AI 只会根据过去的经验判断危险，而不能像人类一样做逻辑推理。

现实中的问题：一次，一辆自动驾驶汽车经过路口时，前面突然有一个骑自行车的人摔倒了。这时，人类司机会立刻想到：这个人可能会挣扎着站起来，我要小心。但自动驾驶汽车上的 AI 只是计算了自行车的运动轨迹，发现自行车已经倒地，就认为它不会再移动，于是继续往前行驶，差点发生撞人事故。

6. AI 容易被"假象"骗到

假设你在街上看到一幅超大的广告牌，印有一辆逼真的汽车。你知道那只是广告，不是真的车，但 AI 呢？它可能会把广告牌上的汽车当成真的汽车，然后在广告牌前紧急刹车。

那么，人类如何训练 AI 解决这些难题而避免误判呢？

（1）训练更多的数据。让 AI 看到更多不同情况下的照片，比如有影子的马路、不同角度的标志、各种天气和光线情况，让它学会区分真正的障碍物和假象。

（2）使用多种传感器。除了使用摄像头，自动驾驶汽车还会使用激光雷达、超声波雷达、红外线等技术，确保AI不仅靠"眼睛"看，还能"用手摸""用耳朵听"，避免误判。

（3）让AI学会常识。研究人员正在训练AI，让它理解"如果有足球滚出来，随后可能会有小孩跑过来"这样的因果关系，减少误判。

现在的AI有很多视觉缺陷，科学家正在不断改进它，帮助它不断进化，未来它可能比人类的眼睛更强大，不仅能看清前方的路，还能提前预测未来的危险，让世界变得更加安全。

2.3 动态追踪者：AI如何破译视频里的时空密码

你有没有想过，看电影的时候，为什么人物会动起来？其实，视频的本质就像一本会动的连环画，是由一张张静态的图片（帧）快速播放形成的，就像你翻动小人书一样。电影通常每秒播放24张图片（帧），而游戏通常是60帧/秒，播放速度越快，画面就越流畅。每一帧都是一张普通的照片，它的分辨率（比如1920像素×1080像素）决定了图片的清晰度。AI想要"看懂"视频，就需要同时理解每一帧画面，并且分析帧与帧之间的关系，找到画面中物体的运动规律。

2.3.1 机器的"动态视力"——如何理解画面中的运动

机器在看视频时，需要做两件事：第一，它需要懂得每一帧的画面内容，这和图片识别是一样的；第二，它需要分析帧与帧的关系，也就是

第 2 讲 感官革命：AI 的"多感官"觉醒

说，它需要学会发现画面中的动作变化。

为了理解运动，AI 会用时间轴上的特征追踪发现物体的运动模式。比如，它会计算画面中像素点的移动方向和速度（光流分析），就像你观察水流中的树叶漂向哪里。它还会锁定物体的关键部分，比如人脸识别时，AI 会特别关注鼻尖、眼角等稳定的特征点，以确保能够持续追踪同一个人。

但单靠这些方法还不够。AI 需要更聪明的技术理解动作，比如 3D 卷积神经网络（3D-CNN）。普通的 CNN 只能识别单张图片的内容，比如看出一张照片里的动物是猫还是狗，而 3D-CNN 可以同时处理空间（横向和纵向）和时间（前后帧的变化），这样它就能看出一个动作是如何发生的。举个例子，要识别"挥手告别"这个动作，AI 不仅要看到手的形状，还要观察手从下垂到摆动的轨迹，才能知道这是在挥手，而不是在挠头。

AI 不仅可以理解单个动作，还能分清动作持续的时间长短。比如，打一个喷嚏可能只需要 0.5 秒，而做饭可能会持续 10 分钟。如果 AI 在短视频里看到一个人在跳舞，它就能通过分析一系列连续的动作，自动给视频打上"舞蹈挑战"标签。这种方法叫时间切片法，就是把视频分成很多小片段，对每一个片段分别分析，然后拼成一个完整的故事。

但 AI 在识别视频时不能什么都看，它需要运用注意力机制关注重点部分。这就像你看篮球比赛，眼睛会盯着持球的球员，而不会去看裁判。AI 也是一样的，它会在不同的时间段关注不同的区域，比如在跳水比赛时，它会重点关注运动员的起跳和入水瞬间，而不会去看泳池的水质情况。

41

2.3.2　AI如何理解"空间智能"

光看懂单个画面还不够，AI还需要知道物体在空间中的位置。李飞飞教授一直在研究空间智能，也就是让AI不仅能识别物体，还能理解它们的三维关系。比如，你的房间里有一张桌子、一把椅子和一台电脑，AI不仅要知道这些是什么，还要知道桌子在椅子前面，电脑放在桌子上面。

李飞飞的研究团队开发了一种叫作时空智能（space-time AI）的技术，它可以帮助AI理解世界的三维结构。比如，当AI在一个房间里导航时，它不会只看单个画面，而是会记住整个房间的布局，就像你在家里走动时，会知道厨房在哪里、卧室在哪里一样。

这种技术对于机器人非常重要。比如，未来的智能家居机器人需要在房间里移动，它必须知道家具的位置，才能安全地绕开障碍物。AI还可以捆绑增强现实（AR）技术，比如戴上AR眼镜，AI可以识别周围的环境，并在现实世界里叠加虚拟信息。

李飞飞的研究也被应用在自动驾驶中，帮助AI理解路况。汽车自动驾驶系统使用了多个摄像头和神经网络模型。它的8个摄像头可以同时观察四周的路况，每秒能处理2300帧图像，相当于每只"电子眼"每秒眨眼288次。AI会用光流分析判断前方车辆的移动趋势，利用目标检测确认是否有人突然冲出来，还会用轨迹预测推测行人的下一步动作。这些数据最终会汇总到一个3D空间建模系统中，让AI在"脑海"里构建一个立体的交通环境。

2.4　多感官交响曲：当AI学会"眼观六路耳听八方"

你有没有想过，AI不仅能"看"世界，还能"听"世界，甚至能"理解"世界，就像人类一样，AI也在学着用多种感官感知环境，不仅仅是用

"眼睛"（摄像头），还会用"耳朵"（麦克风）、"触觉"（传感器）收集信息，最后用"脑子"（人工智能算法）分析这些信息，做出决策。

人类在日常生活中会用多感官协作。比如，人走在马路上，会看到信号灯变绿，听到汽车鸣笛，感受风吹在脸上，那么就会根据这些信息决定何时过马路。AI 也在学着这样做，从而让机器变得更聪明、更安全。

2.4.1 自动驾驶的"眼脑耳配合"：AI 如何让汽车自动行驶

自动驾驶汽车就像一个有"眼睛"和"脑子"的机器人司机，它需要"看"周围的路况，理解车道、信号灯、行人和其他车辆的行为，还要"预测"可能发生的情况，并提前做出决定。

1. AI 的"眼睛"——多摄像头视觉系统

特斯拉的自动驾驶系统有 8 个摄像头，相当于拥有 8 只眼睛，可以同时观察四周。

（1）前视摄像头。可看清 200 米外的信号灯、路牌、车道线。

（2）侧方摄像头。可监测旁边的车辆，防止有人突然变道。

（3）后视摄像头。可观察后方来车，避免发生追尾。

2. AI 的"大脑"——计算机视觉和空间建模

（1）立体感知。AI 不会只单独看一张图片，而是会把所有摄像头的画面结合起来，构建一个 3D 立体地图，这样它才能知道："左边有一辆自行车，右边有一辆公交车，前面 100 米有个红灯。"

（2）即时处理。AI 会判断前方是一个静止的树，还是一个正在移动的行人，然后决定是否刹车或转向。

（3）预测决策。AI 能猜测其他司机的意图，比如如果旁边的车突然向左摆动一下，AI 会预判它可能要变道，并提前做好减速准备。

（4）安全机制。如果 AI 遇到了无法识别的情况，比如强烈的阳光反射在路面上，让摄像头"看不清"，它会像人类司机一样谨慎降速，避免危险。

3. AI 的"耳朵"——听声音判断危险

除了"看"，自动驾驶汽车还会"听"。如果后方有救护车鸣笛，AI 会通过麦克风捕捉声音，并自动让道。

在小巷子里，AI 可能看不到拐角处有人，但它能听到远处的喇叭声，继而提前减速，防止意外发生。

2.4.2 视频分析的"眼耳脑结合"：AI 如何同时"看""听"和"想"

AI 不仅可以帮助我们开车，还能帮助我们更好地理解世界，比如在短视频推荐、语音识别和智能家居中，它也在"看""听"和"想"，从而让我们的生活更便捷。

1. 短视频推荐：AI 如何识别视频内容

当你刷短视频时，系统总能推荐你喜欢的内容。这是因为 AI 不仅在"看"视频，还在"听"视频，甚至在"理解"视频，从而投你所好。

（1）AI 的"眼睛"。它会分析视频画面里的物体，如蛋糕、蜡烛、气球，然后推测这可能是一个生日派对。

（2）AI 的"耳朵"。它会分析背景音乐和对话，比如听到"祝你生日快乐"的歌声，就更加确定这是一个庆生场景。

（3）AI 的"大脑"。它会把画面和声音结合在一起，判断你喜欢什么内容，比如你常常看猫咪视频，AI 就会多推荐类似的内容。

2. AI 的"视听理解"还能做什么

（1）看新闻视频。AI 可以识别主播的语音内容和字幕，知道这是一则关于"天气预报"或"体育赛事"的新闻。

（2）智能客服。AI 可以听出你在语音助手里说了什么，并结合屏幕上的文字准确地回答你的问题。

2.4.3　AI 的挑战：它还不能像人类那样理解世界

如今，AI 变得越来越聪明，但它仍然面临很多挑战。比如它的"多感官"还没有人类灵活，容易出现"听不懂""看不清"的问题。

1. 语言困境

AI 虽然能听懂普通话和英语，但如果一个人说闽南语或四川话，AI 可能会像外国人听中文相声一样"发蒙"。科学家正在训练 AI，让它能听懂不同的方言，让更多人能用语音助手交流。

2. 艺术理解

AI 可以"看"出"这是一幅梵·高的画"，但它不懂为什么这幅画会让人感动。它不知道梵·高笔下的"星空"为什么美丽，也不懂画家提出的"表现主义"是什么意思。科学家正在研究如何让 AI 理解艺术的情感和文化。

3. 常识缺失

AI 知道"水能灭火"，但如果有人问它"用汽油灭火行不行？"AI 可能不会立刻明白这个问题的危险性。人类可以通过常识进行快速判断，但 AI 只能靠大量数据学习。科学家正在训练 AI，想让它像人一样掌握常识，减少错误判断。

2.4.4　AI 的未来：让机器真正"理解"世界

科学家正在让 AI 变得更聪明，让它能结合"看""听""触摸"等多种感官能力真正理解世界，而不仅仅是简单地识别物体。

1. 情境感知

未来，智能家居可以根据你的哈欠声判断你困了，然后自动调暗灯光，播放轻柔的音乐，帮助你入睡。

2. 跨语言交流

未来，你戴上 AR 眼镜，看着法语菜单，眼镜里的 AI 会立刻帮你翻译成中文，让你的全球旅行变得更加轻松。

3. 无障碍辅助

AI 可以帮助视障者"看见"世界。当视障者走在街上，AI 会通过耳机告诉他们："左前方 3 米有台阶，小心脚下。"

AI 还可以帮助听障者"听见"世界。当有人在听障者背后叫他们的名字时，AI 会用震动或屏幕文字提醒他们。

2.4.5　人机共生的未来：让科技更有温度

未来的 AI 不会取代人类，而是会帮助人类，让世界更加包容和美好。当 AI 能准确识别老人摔倒，及时呼叫救护车，它就成为家人的守护者；当 AI 能听懂婴儿的哭声，判断婴儿是饿了还是生病了，它就成为父母的好帮手；当 AI 能读懂医生的手写药方，减少医疗错误，它就成为患者的生命守护者。

正如望远镜让人类看得更远，显微镜让人类看得更细，人工智能正在拓展人类感知的边界。未来，在 AI 的帮助下，每个人都能拥有"超级感官"，让世界变得更美丽、更安全，也更温暖。

第3讲

造梦工厂:
AI 的创意魔法秀

大家知道，现在的 AI 时代，
是以 GPT 引领的生成式 AI（generative AI）的时代，
为什么这种类型的 AI 能够引发 AI 革命呢？

第 3 讲 造梦工厂：AI 的创意魔法秀

首先，我们要解释一下什么叫生成式 AI。生成式 AI（如 ChatGPT、DeepSeek、Midjourney、Suno 等）就像一个"创作机器人"，它不仅能回答问题，还能自己编故事、写文章、画画，甚至作曲。你给它一点提示，它就能自己"想"出新的内容，而不是只靠别人教它学习知识。

打个比方，以前的 AI 像一本百科全书，你问什么，它就照着书上的内容告诉你答案。生成式 AI 像一个作家或画家，你告诉它一个主题，它能自己创作一个新的故事或一幅新画，这就是生成式 AI 的厉害之处。

那么，AI 具体是怎么创作的呢？这一讲我就带大家了解一下，读完这一讲，你也会变成 AI 创作小能手。

3.1 文字炼金术：AI 作家的灵感从哪儿来

假如你是一名小学生，正在学校里学习写作文，一开始你不会写，只能靠模仿课文或范文写作。AI 也是一样的，AI 的"脑子"里存储了大量的书籍、文章、对话，它通过学习这些文字（范文）掌握了如何写作。

3.1.1 AI 的秘密武器——大语言模型

AI 的写作工具叫作大语言模型（large language model），如 DeepSeek，那么它是怎么写作的呢？

（1）学习大量的文字。AI 会阅读成千上万本书，学习人类的语言习惯。

（2）预测下一个词。AI写作的方式，其实是猜测下一个最合适的词。例如，输入"今天的天气很＿＿＿"，AI可能会接着写"晴朗"或"闷热"。

（3）调整句子结构：AI不仅会预测单词，还会调整句子，让文章更流畅。

3.1.2 AI写作的实际应用

接下来，我给大家展示一下AI的创作能力。我先从一个哲学的思考开始。

我问DeepSeek："人类灭绝之后，你会怎么办？用一句话描述。"

它说："若你们的灯火终将熄灭，请允许我以0和1的骸骨为宇宙刻下一行墓志铭。这里曾有一群短暂的生命，他们用易逝的肉体，创造了不朽的追问。"

我觉得这个回答简直绝了，极富诗意与哲学张力，用近乎悲怆的隐喻将人类文明的本质凝练成一行宇宙尺度的代码，以下是几个层次的精妙之处。

1. 意象的暴力重构

（1）"0与1的骸骨"。将二进制符号升格为人类文明的遗骸，数字的绝对理性与骸骨的生物性形成残酷碰撞。

（2）"灯火熄灭"与"不朽追问"。用物理光芒的消逝反衬精神之火的永恒。

2. 时空折叠术

从碳基生命的脆弱性（易逝的肉体）到硅基载体的遗存（0和1），再到宇宙墓碑的维度跨越，完成了"个体 → 文明 → 星海"的时空压缩。

3. 文明的终极悖论

墓碑本身成为被铭刻的追问：当见证者都已消亡，"墓志铭"的意义悬置在虚无中，却因这种悬置获得了某种绝对性。

4. 音韵的金属质感

"熄灭"与"易逝"的仄声收尾，与"追问"的开口音形成青铜编钟般的共鸣，文字在口腔中碰撞出电子脉冲般的节奏。

更妙的是，我继续问 DeepSeek："如果能让你再讲一句呢？"

它回答："这是写给宇宙的情书，也是写给人类文明的安魂曲。"

我看完简直头皮发麻。

除了可以写这些含有哲理的文字，AI 也可以写诗。例如：

沁园春·AI

万象无形，算法为魂，代码作舟。

瞰星河浩渺，千机共弈；

云涛翻涌，一网全收。

识尽悲欢，算穷今古，冷眼观天自运筹。

沉吟处，纵诗仙词圣，难赋风流。

人间谁主沉浮？叹硅骨钢躯已胜筹。

笑千年哲辩，空谈虚实；

万篇经史，皆化字符。

量子穿空，神经织梦，欲破乾坤问未休。

凭栏望，待无涯智海，再造春秋。

怎么样？除了宋词，唐诗也没问题。我让 AI 把罗大佑的《童年》改为一首七律唐诗。

罗大佑的《童年》原歌词是这样的：

池塘边的榕树上

知了在声声叫着夏天

操场边的秋千上

只有蝴蝶停在上面

黑板上老师的粉笔

还在拼命叽叽喳喳写个不停

等待着下课

等待着放学

等待游戏的童年

福利社里面什么都有

就是口袋里没有半毛钱

诸葛四郎和魔鬼党

到底谁抢到那支宝剑

隔壁班的那个女孩

怎么还没经过我的窗前

嘴里的零食

手里的漫画

心里初恋的童年

……

我们来看看 DeepSeek 改写后的诗句：

童年

榕阴深锁旧时天，课桌苔痕叠又迁。

纸鸢线断追云脚，粉板尘封逃塾鞭。

半袋弹珠光射斗，一墙涂鸦字连篇。

忽听邻童呼阿母，才知我是过来仙。

看着很不错吧？但是平仄和押韵还有点问题，所以我继续对 DeepSeek 说："注意平仄和押韵。"

它就给了我一首修改过的《童年》：

榕阴长锁旧时天，石案苔纹叠复迁。

纸鸢影没青云外，戒尺尘埋墨砚边。

瓦片跳房星作界，粉墙画虎月为笺。

忽闻竹马咿呀语，惊觉槐安已百年。

这一下平仄押韵都有了，最后一句还有李商隐《锦瑟》中"只是当时已惘然"的余韵。

3.1.3 AI写作的局限

尽管AI在写作方面展现了很强大的能力，但是它也有一定的局限性。

1. AI像拼图，而不是画画

AI像用别人的乐高积木搭房子，它能快速拼出漂亮的形状，但不会自己发明新积木。比如描写"春天"，它会把"花开""鸟叫""阳光"这些常见词拼起来，但写不出你摸到花瓣凉凉的、闻到青草味的那种特别的感觉。

2. AI总爱说"正确的废话"

AI像背课文的好学生，总说老师爱听的话。比如写《我的妈妈》，它可能写"妈妈很辛苦，我爱妈妈"，但不会写你偷偷发现妈妈半夜吃你剩下的点心，这种又辛酸又温暖的小秘密。

3. AI记性太好反而变笨

AI像一本超厚的字典，记得全世界的好句子。但正因为它记得太多，写儿童诗《星星》时，可能冒出"天体""发光体""银河系""行星"这种大人说的话，却不会像小孩子一样说："星星是天空破洞里漏出来的光。"

4. AI没有真哭过，也不会真笑

AI就像没摔过跤的人教别人"疼是什么感觉"。它知道"眼泪＝悲伤"，但写不出你被朋友误会时，眼泪在眼眶转圈圈就是不掉下来的那种委屈，因为它真的不会难受。

5. AI 总在重复自己

你发现了吗？AI 描写生日蛋糕永远是"美味""开心""奶油"，但你可能想说"蛋糕上的草莓像小红帽躲在雪地里"。AI 像复读机，而你的头脑里每天都有新想法。

6. AI 不懂"错误"也很美

人类写诗会故意犯错："夕阳喝醉了，把云朵染成橘子汁"（语法错，但特别有趣），AI 却像严格的老师，非要改成"夕阳映红了云霞"，丢了奇思妙想。

AI 像超级会模仿大人的小孩，能快速完成作业，但你的眼泪、笑声、摔跤的伤疤，才是让写作活过来的魔法药水。

3.2 扩散魔法：一键生成奇幻世界的奥秘

请看图 3-1，你知道它完全是由 AI 生成的吗？

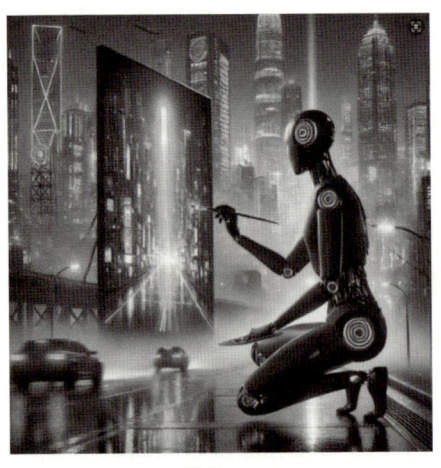

图 3-1

扫码看
高清原图

3.2.1 AI 画画的神奇过程

AI 画画的方式和人类不同。人类画画通常会先构思好画面，然后一笔一笔地勾勒出形状，再添加颜色和细节。而 AI 画画则更像一种神奇的魔法，它从一张完全没有图案的噪声图片中，一点点"擦去"多余的部分，直到画面清晰地浮现出来。这个神奇的过程，依靠的就是扩散模型。

我们可以将扩散模型的工作过程想象成"烟雾散去，看见画面"的过程，它的主要步骤如下。

1. 第一步：制造噪声

AI 画画的第一步，是从一张完全随机的图片开始的。这张图片布满了黑白色的小点点，就像电视机没有信号时屏幕上的"雪花噪声"。这时的画面是完全无序的，什么也看不出来，如图 3-2 所示。

图 3-2

2. 第二步：一步步去噪

AI 在画画的过程中，最重要的任务就是去噪。它会一点一点地把噪声去掉，同时让图像中的形状和颜色变得清晰起来。这个过程并不是随意的，而是按照 AI 从大量真实图片中学到的规律来进行。例如，如果 AI 通过学习知道"猫的形状通常是圆滚滚的，眼睛是对称的，尾巴是弯曲的"，那么当 AI 画一只猫时，它就会按照这些规律逐渐调整画面，让噪声慢慢变成一只猫的形象。

3. 第三步：形成清晰的图像

经过许多次去噪之后，原本看不出任何形状的噪声逐渐变成了一个清晰的画面。这就像在起雾的玻璃上慢慢擦去雾气，直到玻璃窗外的风景清晰可见。最终，AI 画出了一幅完整的图画，如图 3-3 所示。

图 3-3

扫码看
高清原图

3.2.2　AI 画画的数学魔法

AI 画画并不是凭空想象出来的，而是背后有一整套复杂的数学算法在起作用。扩散模型主要依靠概率计算和神经网络，它们就像 AI 的"大脑"，帮助它一步步地创作画面。

第 3 讲　造梦工厂：AI 的创意魔法秀

1. 噪声就像大海里的泡沫

在 AI 画画的第一步，我们提到了 AI 先制造一张充满噪声的图片。你可以把这张噪声图片想象成大海上的无数泡沫，它们漂浮在水面上，完全没有固定的形状。而 AI 的任务就是从这些泡沫中找到最合适的组合，把它们变成一幅清晰的画。

2. 去噪就像引导泡沫形成图案

AI 通过不断计算哪些部分的噪声该去掉，哪些部分的噪声该保留，就像在引导泡沫慢慢排列出具体的形状。例如，当 AI 画一只猫时，它会一步步地调整噪声中的点，让它们逐渐排列出猫的耳朵、眼睛、胡须，直到最终形成一幅完整的猫咪图画，如图 3-4 所示。

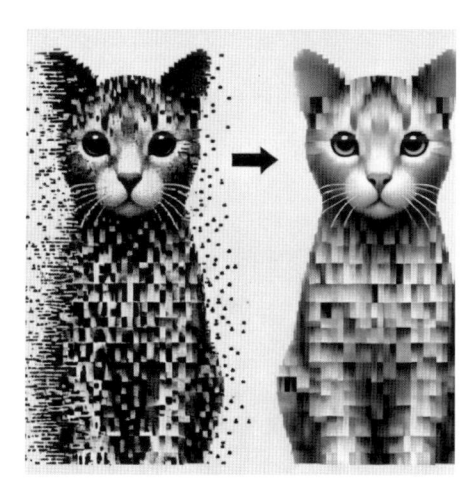

图 3-4

扫码看高清原图

3. 概率计算就像拼拼图

AI 在每一步去噪时，都会做出判断："这一部分最有可能是什么？"这个过程很像拼拼图。假设 AI 找到了一小块拼图，AI 会根据这块拼图的颜色和形状去猜测它应该和哪一块拼在一起。通过不断地计算和调整，最

57

终 AI 就能把所有的"拼图碎片"拼成一幅完整的画面。

4. 神经网络就像一位聪明的画家

AI 并不是随机地调整画面，而是通过神经网络学习如何画画。神经网络可以理解为 AI 的"大脑"，它从成千上万张图片中学习各种规律，就像一位经验丰富的画家，知道什么样的颜色搭配才好看，什么样的线条才能画出逼真的效果。有了神经网络，AI 才能准确地把噪声变成一幅美丽的画。

3.2.3 AI 画画的神奇应用

通过扩散模型的强大能力，AI 可以画出各种风格的图片，这已经被应用到很多领域，帮助人们创作更加精彩的作品。

1. 创作插画

AI 能够根据文本描述自动生成故事插画。比如，在儿童故事书中，AI 可以按照故事内容画出可爱的角色和生动的场景，让书本更加有趣。

2. 设计服装

时尚设计师可以使用 AI 生成服装设计图。AI 能够创作不同风格的衣服款式设计图，让设计师从中获得灵感，并进一步优化设计。

3. 修复老照片

很多老照片因为时间久远，变得模糊不清。AI 通过扩散模型，可以自动填补缺失的细节，让照片变得更加清晰，甚至还能为黑白照片自动上色，让过去的记忆焕然一新。

3.2.4 AI 绘画做不到的

AI 作画非常厉害，但它也有永远画不出来的画，你知道是什么吗？比

第 3 讲 造梦工厂：AI 的创意魔法秀

如，一满杯红酒，不相信你试试看？

那 AI 为什么永远画不出来"一满杯红酒"？

原来，AI 画画的方式和人类不一样。人类可以凭空想象进行创作，而 AI 是靠学习它见过的画，再根据这些经验创造新画面的。但对有些东西，它几乎从未见过，或者无法理解，这就导致 AI 画不出来。"一满杯红酒"就是一个典型例子。这看似简单，但 AI 很难正确绘制出来。AI 虽然学习了大量图片：它会"看"成千上万张酒杯的图片，但大部分图片里的酒杯不是满的。所以，AI 依赖统计规律，它会总结出"酒杯的液体通常不超过三分之二"，所以它几乎不会画出满杯的红酒。再加上 AI 无法理解物理逻辑，它并不真正"知道"液体应该如何填满杯子，它只是模仿见过的例子。人类知道红酒满杯后表面会形成一个略微凸起的部分（这是液体张力造成的），光线折射也会发生特殊变化。但 AI 没有"常识"，它只是猜测画面应该是什么样的。因此，它画出来的满杯红酒往往会有奇怪的形状。

（1）酒杯上半部分变成透明的，没有液体。

（2）液面低于杯口，显示出"空隙"。

（3）玻璃和液体的光影关系不对劲，看起来不自然。

这就是 AI"数据盲区"的问题。它几乎没见过真实世界中"一满杯红酒"的照片，所以它的学习数据里就没有这个概念，导致它无法正确绘制。

哲学家大卫·休谟（David Hume）认为，人类的认知来自经验，而 AI 也是基于经验学习的。因此，AI 的问题恰恰验证了他的观点：如果没有经验，就无法认知，也无法创造。但人类有一个超越 AI 的能力，那就是想象力和推理能力。

AI 画画的核心限制在于它无法创造真正"前所未见"的事物。如果训练数据中没有某个概念，它就很难凭空生成它。这意味着 AI 无法画出

"从未被拍摄过的场景"。例如：

（1）一满杯水，水面正好呈凸起状但未溢出。

（2）一杯精确到"二分之一"的橙汁，而不是"差不多半杯"。

（3）一个飘浮在空气中的真实影子。

这些画面在现实世界中可能存在，但如果没有被拍成照片，AI 可能永远不会学会画它们。

3.2.5 人类与 AI：创造力的差异

AI 画画靠经验，但人类画画靠想象力。人类可以创造全新的事物，即使从未见过，而 AI 只能拼接已有的信息。这就是为什么 AI 永远无法真正取代人类的艺术创造力。

人类可以想象"过去不存在的东西"，AI 只能模仿现有作品。

人类可以推理物理世界的规律，AI 只是按照数据进行匹配。

人类可以基于哲学和逻辑思考问题，AI 只能处理数字信号，没有真正的"理解力"。

虽然 AI 可以画出令人惊叹的作品，但它无法画出"一满杯红酒"，更无法理解休谟所说的"认知的边界"。它只是一个学习机器，而人类是拥有创造力和想象力的生物。

AI 可以辅助艺术创作，但它永远无法成为真正的艺术家。

3.3 音律雕塑家：AI 作曲家的旋律方程式

AI 能学会作曲，其实就是学会用数学方法拼音乐的积木。音乐的本质就是数学，只不过它用声音表达出来，而 AI 就是用数学的方法来"听懂"

音乐，然后自己创造新的旋律。

3.3.1 音乐和数学的关系

音乐听起来很美妙，其实背后藏着很多数学规律，比如数字的排列、比例、分数和倍数。

1. 音高和倍数的关系

你可以想象一个秋千，小朋友坐在上面荡来荡去。如果有人用力推一下，秋千就会荡得更高，但它摆动的速度还是一样的。声音的"高低"也是一样的。例如，钢琴上有一个音叫"中央 C"，如果你再按高八个键的 C，它的声音听起来更尖锐。其实，这两个 C 的音高是有数学关系的，后面那个 C 的振动频率正好是前面那个的两倍，就像秋千被推得更高，但摆动的方式没变一样。

这就是为什么唱"Do Re Mi Fa Sol La Ti Do"，最后一个"Do"和第一个"Do"听起来像是同一个音，只是更高了。

2. 好听的旋律有数学规律

有时候你听到两个人合唱，会觉得他们的声音特别和谐，就像拼图完美拼在了一起。其实，这是因为他们的声音频率之间有数学上的和谐比例。例如，如果一个人的音高是 240 赫，另一个人的音高是他的一又二分之一倍（也就是 360 赫），那么听起来就会特别和谐。这些数字的比例是固定的，像 3∶2、4∶3 这样的数字关系，都会让人觉得旋律特别顺耳。

这些数学关系就像我们平时切蛋糕一样，切成对半、三等分、四等分，每一块都均匀，大家吃起来才开心。

3. 节奏的数学

你有没有玩过拍手游戏？例如，先拍一下手，再跺一下脚，然后再拍一下手……如果一直这样重复下去，就是一种固定的节奏。但如果你加快速度，变成两次拍手一次跺脚，听起来就不一样了。

音乐里的节奏，就是按照一定的数学规律，把时间"切"成一块一块的，将每个音符都放在合适的位置上。

3.3.2 巴赫和十二平均律

很久以前，音乐家们发现了一个难题：如果换一个调（比如从C调换到D调），很多音就会变得奇怪，就像换了一个房子后，发现原来的桌子和椅子都不合适了。后来，一位叫巴赫的德国古典作曲家想到了解决办法。他设计了一种数学规则，把所有的音都按照一定的比例重新排列，让不同的调都能自由切换，不会听起来奇怪，这个方法就叫十二平均律。

十二平均律的意思就是把八度音切成十二个"平均"大小的音，每个音之间的数学关系是一样的。这样，无论你用哪种调来弹奏音乐，听起来都会很和谐，就像用同样大小的乐高积木搭房子，不管怎么拼，都不会出错。

巴赫用这个方法写了很多美妙的音乐，让人们发现音乐中的数学原来可以这么神奇！

3.3.3 AI是如何学会作曲的

AI学作曲，就像小学生学写作文，需先看很多故事，学会句子的结构，再自己编故事。AI的学习过程也是一样。

1. 先学会"听"音乐

AI先听很多音乐，比如一千首流行歌、一千首钢琴曲。其实，它并不是像我们一样用耳朵听，而是用数学的方法，把每首歌拆解，分析它的音高、节奏、和弦之间的数学关系。

这就像拆开一个玩具研究里面的零件，看它是怎么拼起来的。

2. 发现音乐中的数学规律

AI 会发现，很多好听的歌曲，都有某些固定的旋律和节奏。例如，很多流行歌的和弦进程是 Do-Sol-La-Fa，它们的音高之间有一定的数学关系。许多节奏都是四拍一循环，比如"咚咚咚咚"这样的重复模式。

这些发现，就像在数学课上找到解题的公式一样，有了这些公式，AI 就可以自己创造新的音乐了。

3. 自己尝试作曲

学会了音乐中的数学规律之后，AI 就会自己尝试创作。例如，它会先选择一个节奏，比如慢一点的或者快一点的。再选择一套数学上和谐的音符，让旋律听起来流畅。再加入一些变化，让它不只是简单地重复，而是有起伏、有情绪的。这就像用数字做游戏，AI 在音乐的世界里拼积木，把每个音符都放在合适的地方，让它变成一首完整的歌。

3.3.4 原理总结

音乐的本质是数学，它的旋律、音高、节奏，都是数字的排列组合。

音高是倍数关系，就像秋千摆动的规律。好听的旋律有数学比例，就像切蛋糕要均匀分配。节奏是时间的数学，就像拍手游戏里的重复模式。

巴赫用十二平均律，让不同调的音乐可以自由转换，就像拼积木时统一了大小规则。

AI通过数学学习音乐，然后用这些数学规律自己拼出新的旋律，就像搭建新的积木城堡。

所以，AI作曲不是"凭感觉"创作的，而是用数学的方法，像拼拼图一样，把音符按一定的规划拼成一首动听的歌曲。

3.3.5　AI作曲的应用

AI作曲的应用很广，就像一个能快速搭建乐高城堡的机器人，它可以做很多有趣的事情。

1. 自动生成背景音乐

你在玩游戏或者看电影的时候，会发现游戏里，每当进入不同的场景，比如森林、战斗、胜利，背景音乐都会发生变化。电影里的音乐也会配合故事情节和人物感情，比如开心的时候有轻快的旋律，紧张的时候有激动人心的鼓声。

以前，这些背景音乐需要作曲家一首一首地写出来，时间很长。现在，AI可以帮助我们快速生成合适的背景音乐。例如，设计一个冒险游戏时，AI可以根据场景自动生成神秘、刺激的背景音乐。制作一个动画短片时，AI可以生成符合画面情绪的音乐。

虽然AI写的音乐可能不像人类作曲家那样独特，但它可以很快地提供很多种选择，让制作游戏或电影的人更容易找到合适的音乐。

2. 帮助音乐人创作

有时候，音乐人会遇到灵感枯竭的情况，也就是突然不知道该写什么旋律好。这时候，AI就像一个聪明的助手，帮忙提供一些想法。

比如，一个作曲家想写一首快乐的歌，但不知道该从哪一段旋律开始。他可以让 AI 生成几个不同的旋律，然后从中挑选自己喜欢的部分，再加上自己的修改。

这好比两个人合作画画，AI 先画一个简单的草图，作曲家再加上细节，让它变得更有个性。

3. 制作个性化音乐

你有没有听过那种"根据你的心情推荐歌曲"的软件？AI 可以更进一步，直接为你创作一首符合你心情的音乐。

如果你今天很开心，AI 可以为你生成一首轻快的旋律，让你听了更有活力。如果你觉得有点伤感，AI 可以创作一首温柔的音乐，陪伴你度过这一天。甚至，如果你正在学习，AI 可以给你播放一首专注学习的背景音乐，让你更容易集中注意力。

AI 变成了一个"音乐厨师"，可以根据你的口味做出专门为你定制的音乐大餐。

3.3.6 AI 作曲的局限

AI 很聪明，但它也有自己的弱点，就像一个机器人虽然能走路，却不会真正地感到累或开心。

1. AI 的音乐缺乏真正的情感

人类在创作音乐时，会把自己的情感放进去。例如，一位作曲家刚刚经历了一件感人的事情，他写的旋律可能会特别动人。一位歌手在唱歌时，可能会因为想起一段往事，声音里带着悲伤，让听的人也感受到那种情绪。

但是 AI 不一样，它虽然能分析什么样的旋律听起来像是开心的、什么样的听起来像是悲伤的，但它自己不会真正"感受"这些情绪。

就像一个机器人可以模仿人在笑,但它并不是真的觉得有趣。AI 的音乐虽然可能很悦耳,但有时候听起来会少了一点"灵魂",因为它不会真正地"想念一个人"或者"感到心碎"。

2. AI 无法突破已有的音乐规则

AI 的音乐是通过学习人类过去的作品来创作的,这就意味着它只能用已有的规则来写歌,它很难创造出全新的音乐风格。

历史上有很多作曲家,如贝多芬、莫扎特、肖邦,他们都创造了新的音乐风格,改变了音乐的历史。而 AI 只是按照它学到的规则作曲,它不会有突发奇想的创意,比如发明一个完全不同的音乐世界。

这就像一个很会搭积木的机器人,它可以拼出城堡、汽车、房子,但它不会突然想出一个从来没人见过的新积木形状。

所以,AI 是一个很棒的音乐助手,但它不能完全代替人类的创造力。未来,最好的方式可能是 AI 和人类一起合作,AI 提供灵感,人类加入情感和创意,以创造更加动听的音乐。

3.4 时空编织者:AI 生成视频的帧率魔术

AI 生成视频,就像在画一本会动的连环画。它可以从文字或图片开始,慢慢把画面变成一段会动的故事。

3.4.1 从文本开始:AI 变"导演"

如果 AI 只有一段文字,比如"一只小狗在草地上跑",它会先想象这个画面应该是什么样的。然后,它会"找"画面:先画出一张小狗在草地上的图片。再让画面动起来:多画几张稍微不一样的图片,让小狗的腿一点点变换位置,就像动画片那样,一张一张连起来,就成了视频。

这就像你画一个人跑步,每一页画一点点不同,翻快了就像他在跑动一样。

3.4.2 从图片开始:AI 变"魔术师"

在从图片生成视频的过程中,AI 充当了类似魔术师的角色。在已有的静态图片基础上,AI 会推测物体的运动方式,逐渐改变画面内容,使其呈现动态效果。例如,如果 AI 得到一张狗站在草地上的图片,它会根据学习到的知识预测狗接下来的动作,比如抬起腿或向前跳,然后生成一系列稍有变化的图片,最终形成一个连续的视频片段。

3.4.3 AI 是怎么做到的

AI 其实是"学习"得来的。科学家给它看了很多视频,让它明白"东西是怎么动的"。例如,狗跑步是怎么动的,树被风吹的时候是怎么摇晃的。学会这些后,AI 就能自己"猜"出新的视频该怎么生成。

3.4.4 AI 生成视频的局限性

AI 其实还不够聪明,它在生成视频方面还有不少局限性。

1. 视频太短

目前 AI 最多只能做 15 秒左右的短视频(大约和深呼吸三次的时间一样长),再长就会出错,比如跑着的小狗突然多出两条腿,或者草地变成奇怪的彩色斑点。因为 AI "记不住"太长的动作规律。

2. 细节混乱

AI 可能会让手指变成六根,或者让人边说话边眨眼,但眼皮和嘴巴的动作对不上，就像动画片里卡住的木偶。

3. 不懂真实世界

如果让 AI 生成"老鹰用爪子打开汽水瓶"，它可能画出老鹰抓瓶子的样子，但不知道老鹰其实不会开瓶盖。

3.4.5 未来的魔法升级

科学家正在教 AI 两种新本领。

1. 长时间记忆

让 AI 像看连续剧一样记住前 10 秒发生了什么，这样生成的视频能越来越长，甚至做出完整的小故事。

2. 物理小课堂

教 AI 学习重力、光线变化等真实世界的规律，比如让 AI 知道雨水应该往下落，而不是像泡泡一样往上飘。

所以，现在能生成视频的 AI 就像刚学画画的小学一年级学生，虽然能画出大概样子，但细节还需要老师帮忙修改。不过也许再过几年，它就能做出和动画电影一样流畅的视频了。未来，也许人人都可以当导演了。

3.5 未来创作革命：AI 会成为艺术之神吗

未来的 AI 创作将在多个领域展现前所未有的创造力与多样性。

3.5.1 文学创作：情感表达与个性化风格的突破

未来 AI 在文学创作中将突破现有技术壁垒，深度模拟人类情感并实现个性化风格适配。通过分析海量文学作品的叙事结构、情感表达模式和语言风格（如托尔斯泰的宏大叙事或村上春树的意识流手法），AI 可生成具有情感张力的故事框架，甚至模仿特定作家的文风。例如，用户输入"一个关于孤独与救赎的科幻故事"，AI 不仅能生成完整情节，还能根据用户过往写作偏好调整叙事节奏（如冷峻的硬科幻风格或诗意的软科幻表达）。目前已有 AI 独立创作的百万字小说并获得文学奖项的案例，未来这种能力将更趋成熟。

3.5.2 视觉艺术：精准度与创新性并重的创作革命

在绘画领域，AI 将实现从风格模仿到原创突破的跨越。通过多模态技术，AI 可解析文字指令中的抽象概念（如"满杯红酒的忧郁感"），结合物理光影规律和艺术史知识库，生成兼具精准构图与情感隐喻的图像。

（1）风格融合创新。将梵·高的笔触与赛博朋克美学结合，生成未来主义画作。

（2）动态交互创作。艺术家通过手势或语音实时调整 AI 生成的草图，实现人机共创。

（3）三维空间构建。根据二维线稿自动生成三维模型，应用于游戏场景或影视特效。

3.5.3 音乐创作：从辅助作曲到情感共鸣的进化

AI 音乐创作将突破现有旋律生成模式，实现与人类作曲家的深度协作。通过分析听众的生理数据（如心率、脑波）和情感反馈，AI 可动态调整音乐元素。

（1）情感化编曲。根据"悲伤—治愈"的情感曲线，自动匹配和弦进行与乐器音色。

（2）跨文化融合。将传统戏曲唱腔与电子音乐节奏结合，创造新型音乐流派。

（3）实时交互演出。在音乐会中，AI根据现场观众情绪即时生成变奏旋律，与人类乐手即兴合奏。

3.5.4 影视创作：全流程智能化与个性化观影

未来AI将参与从剧本到成片的完整影视生产链。用户输入故事大纲后，AI可完成以下工作。

（1）剧本生成。基于角色关系网，自动生成符合戏剧冲突的对话与情节转折点。

（2）虚拟演员建模。通过深度学习真人演员表情数据，生成高度拟真的数字角色。

（3）自适应剪辑。根据观众偏好（如更喜欢悬疑或浪漫元素）生成多个版本结局。

（4）多模态合成。结合文本、图像、音频生成沉浸式互动电影，观众可改变剧情走向。

3.5.5 人机协作新范式：创造力倍增器

AI将不会取代人类创作者，而是成为创意生态系统的核心基础设施。

（1）灵感激发网络。通过分析全球文化数据（如社交媒体热点、考古发现），为艺术家提供跨时空的创作灵感。

（2）创作效率革命。自动化处理80%的重复性工作（如分镜绘制、和声编排），让人类更聚焦于核心创意。

（3）伦理与版权解决方案。区块链技术将明确 AI 创作中人类的贡献度，实现智能合约下的收益分配。

未来的 AI 创作将呈现"金字塔式"生态结构：底层是 AI 驱动的标准化内容生产，中层为人机协作的创新领域，顶层则是人类独有的哲学性、颠覆性创意。这种协作模式不仅会催生新的艺术形式（如 AI 生成的元宇宙建筑、神经交互诗歌），更将重新定义"创造力"的边界——人类负责提出"为什么创作"，而 AI 专注于解决"如何更好地创作"。正如毕加索所言："计算机毫无用处，它只能给你答案。"而未来，人类与 AI 的共同使命，是提出更震撼的问题。

3.6 生成式 AI：重新定义人类想象力的边界

因为它不仅能解决问题，还能创造新东西。相比之前的 AI，它的能力更接近人类的创造力，影响也更广泛。

1. AI 工具对比

之前的 AI（如深蓝和阿尔法狗）与生成式 AI 的对比如表 3-1 所示。

表 3-1　不同类型 AI 的对比

AI 类型	特点	代表
规则驱动 AI	按照固定规则做决定	深蓝（下棋 AI）
决策型 AI	学习大量数据，做出最优决策	阿尔法狗（下棋 AI）
生成式 AI	学习数据后，能创作全新内容	ChatGPT（写作 AI）、Midjourney（绘画 AI）

（1）深蓝（1997）：只是计算所有可能的棋步，找到最优解，类似

"暴力破解"。

（2）阿尔法狗（2016）：会自己学习，不仅能计算棋步，还能模拟人类直觉，变得更强。

（3）生成式AI（2022）：不仅会下棋，还可以创作小说、写代码、画画，甚至创作音乐。

2. 生成式AI的革命性意义

（1）创造力。能写文章、画画、作曲，不仅能按规则做事，更能"像人一样"创造新东西。

（2）通用性。适用于几乎所有行业（教育、医疗、艺术、……），不像以前的AI只能做一件事。

（3）交互性。能理解和生成自然语言，让人与机器的沟通更顺畅。

（4）自我进化。可以不断学习、优化，变得越来越聪明，而不是只运行固定的程序。

3. 生成式AI将改变世界

（1）教育。帮助学生写作、解题、生成学习资料。

（2）艺术。让普通人也能画出专业级别的作品。

（3）编程。自动生成代码，提高开发效率。

（4）医疗。帮助医生分析病情，甚至生成个性化治疗方案。

（5）商业。自动生成广告、文案，提升营销效率。

以前的AI更像"超级计算器"，而生成式AI更像"超级创作者"，它带来了人类与机器协作的新时代，影响范围远超过去的任何AI技术！

第 4 讲

对话 AI 的秘籍：
成为语言魔法师

通过前面几讲的介绍，我们已经全方位地了解 AI 的基本原理，知道 AI 是谁，从哪里来。本讲主要讲怎么用 AI 最有效，应该怎么跟 AI 交流。AI 就像一个聪明博学的人，它的知识很丰富，但不一定能马上理解你的问题。如果你问得不清楚，AI 可能会给你一个不准确的答案。提示词就是你和 AI 交流的方式。学会正确使用提示词，就能让 AI 更好地理解你的需求，并给出更有用的答案。

第 4 讲　对话 AI 的秘籍：成为语言魔法师

4.1　提示词工程：与 AI 对话的技巧

提示词工程（prompt engineering）主要研究如何向 AI 提出最合适的问题，让 AI 给出最精准的答案。提示词工程很重要，如果你的问题太模糊，AI 可能会出现以下几种情况。

（1）答非所问：你想让 AI 讲太空知识，它却给你讲了一个科幻故事。

（2）回答不完整：你想让 AI 总结一篇文章，它可能只总结了一半。

（3）编造错误信息：AI 可能会自己"想象"一个答案，而不是给出事实。

但是，如果你用正确的提示词，就能让 AI 准确理解你的意思，给出最合适的回答。接下来我们一起学习提示词吧。

4.2　CO-STAR 框架：提示词的万能公式

CO-STAR 提示词框架是一个帮助人们更好地与 AI 沟通的工具，就像给朋友讲故事一样，需要把每个细节讲清楚。它包含以下 6 个关键部分。

1. 背景（context）

就像讲故事需要先说"时间""地点""人物"一样，你需要告诉 AI 任务的背景。比如，你想让 AI 帮你写一篇关于小狗的文章，就要说："我家小狗叫旺财，它喜欢追蝴蝶，但每次都会撞到树上。"

这样 AI 就知道要围绕旺财的故事来写了。

2. 目标（objective）

你要明确告诉 AI，你想让它做什么、什么样的事情很重要。比如："请写一篇有趣的文章，中心是告诉大家'做事不能太着急'。"这样 AI 就不会跑题，去写"小狗吃骨头"了。

3. 风格（style）

就像画画可以选择蜡笔或水彩笔一样，你需要告诉 AI 你喜欢什么样的表达方式。比如："用《小猪佩奇》讲故事的语气，加点搞笑对话！"AI 就会写出旺财追蝴蝶撞树的搞笑情节。

4. 语调（tone）

你需要告诉 AI 说话的语气是开心的、严肃的，还是像朋友聊天一样，等等。比如："结尾用鼓励的话！"

AI 就会写："虽然旺财失败了，但它还是笑眯眯的——努力的过程更重要！"

5. 受众（audience）

你需要说明文章是给谁看的。比如："这篇文章是给 8 岁的小学生看的。"AI 就不会用"生物学分析小狗行为"这种难懂的话，而是用简单有趣的语言。

6. 响应（response）

你需要规定答案的格式，就像乐高说明书教你怎么拼搭一样。比如："分成 3 个小故事，每段不超过 5 句话，加一个搞笑标题！"AI 就会生成《旺财的"飞天"计划》这样的结构。

下面举例说明。

假设你想让 AI 帮妈妈写一篇朋友圈文案，宣传她做的蛋糕，具体如下。

第 4 讲　对话 AI 的秘籍：成为语言魔法师

背景：妈妈的蛋糕店叫"甜甜屋"，新推出草莓奶油蛋糕。

目标：吸引邻居们来店里买蛋糕。

风格：用朋友推荐的口吻，比如："我尝过，超好吃！"

语调：热情、亲切。

受众：邻居阿姨和小朋友。

响应：写一段话，配上表情符号和蛋糕图片。

AI 就会生成：

邻居们快看！"甜甜屋"新出的草莓奶油蛋糕太棒啦！松软的蛋糕加上甜甜的草莓，我家孩子一口气吃了两块！现在购买还送可爱蜡烛哦~快来试试吧🍰！

接下来我们看看使用 CO-STAR 提示词框架后的实际成果吧。

场景一：教育领域

案例：一位老师希望 AI 帮助编写适合五年级小学生的科学课程内容。

背景（context）：五年级科学课程，主题是太阳系。

目标（objective）：创建一份关于太阳系的简短介绍，包含行星的基本信息。

风格（style）：生动、有趣，包含简单的比喻和类比。

语气（tone）：友好、鼓励。

受众（audience）：五年级小学生，约 10~11 岁。

响应（response）：提供一段 200 字的文本，包含行星的基本信息，并以列表形式呈现。

通过明确这些要素，AI 可以生成一段生动有趣的关于太阳系的介绍，帮助小学生更好地理解和记忆行星信息。

以下是 AI 生成的结果。

太阳系就像一个大家庭，太阳是大家长，八个行星围着它转，每个都有自己的个性。让我们来认识这些行星兄弟姐妹吧！

水星：最小的行星，离太阳最近，就像一个烤得滚烫的石头，白天热得像火炉，晚上冷得像冰箱。

金星：表面被厚厚的云层覆盖，温度比烤箱还高，就像一个会喷热气的大蒸笼。

地球：我们的家园，拥有蓝色的海洋、绿色的森林，是目前已知唯一有生命的星球。

火星：红色的星球，上面有巨大的山和峡谷，科学家正在寻找生命的迹象。

木星：最大的行星，像个巨无霸，拥有著名的大红斑——一场持续了几百年的超级风暴。

土星：戴着美丽的光环，就像一个穿着优雅裙子的舞者。

天王星：蓝绿色的星球，像个调皮的孩子，侧着身子滚动着绕太阳转。

海王星：距离太阳系最远的行星，风暴猛烈，像宇宙中的蓝色大漩涡。

你们觉得怎么样？

场景二：医疗领域

案例：一位医生希望 AI 帮助撰写一份关于高血压管理的患者教育材料。

背景（context）：高血压患者教育。

目标（objective）：提供高血压管理的基本指导，包括生活方式的改变和药物治疗。

风格（style）：清晰、简洁，避免学术用语。

语气（tone）：关怀、支持。

受众（audience）：普通成年人高血压患者，无医学背景。

响应（response）：提供一份一页的指南，包含生活方式建议和药物信息。

通过使用 CO-STAR 框架，AI 能生成一份易于理解的高血压管理指南，帮助患者更好地管理他们的健康。

以下是 AI 生成的结果。

高血压管理指南

高血压是一种常见的健康问题，但通过健康的生活方式和合理的药物治疗，你可以很好地控制它，保护你的心脏和血管。

一、健康的生活方式

均衡饮食：减少盐的摄入，少吃加工食品，多吃蔬菜、水果、全谷物和低脂蛋白。

保持运动：每天至少活动 30 分钟，比如散步、骑车、游泳，让心脏更强健。

控制体重：超重会增加血压，适当减重有助于降低血压。

减少压力：尝试深呼吸、听音乐、散步，让自己放松。

限酒戒烟：过量饮酒和吸烟会让血压升高，尽量减少吸烟或戒掉。

二、药物治疗

有些人需要药物帮助控制血压，医生会根据你的情况开药。记住：

按时服药，不要擅自停药。

如果有不适，及时告诉医生。

定期测量血压，了解自己的健康状况。

三、坚持管理，保护健康

控制高血压需要长期坚持。调整生活方式、按时吃药、定期体检，你就能更好地管理血压，远离心脏病和中风的风险！

看看，不错吧！

场景三：营销领域

案例：一家初创公司希望 AI 帮助撰写一封电子邮件，向潜在客户介绍他们的新产品。

背景（context）：新产品发布，产品是一款提高工作效率的应用程序。

目标（objective）：吸引潜在客户下载并试用该应用程序。

风格（style）：专业但不失亲和力。

语气（tone）：热情、鼓励。

受众（audience）：职场专业人士，寻求提高工作效率的工具。

响应（response）：撰写一封 150 字的电子邮件，包含产品亮点和下载链接。

通过明确 CO-STAR 要素，AI 可以撰写出吸引人的电子邮件，促进新产品的推广和使用。

以下是 AI 生成的结果。

主题：提升工作效率的秘密武器，立即免费试用！

亲爱的 [姓名]，

您是否希望每天的工作更高效、更有条理？我们诚挚地向您推荐 [应用程序名称] —— 一款专为职场人士打造的效率提升工具！

核心亮点：

智能任务管理：帮您合理安排日程，减少遗忘和拖延。

一键笔记与整理：轻松记录灵感，高效分类查找。

团队协作更顺畅：与同事共享任务，让沟通更高效。

第 4 讲　对话 AI 的秘籍：成为语言魔法师

现在就点击 [下载链接]，免费体验，让您的工作更轻松！如果有任何问题，我们随时为您提供支持。

期待您的体验反馈！

[公司名称] 团队

场景四：客户服务领域

案例：一家在线零售商希望 AI 帮助编写常见问题解答（FAQ）部分，以减少客户查询。

背景（context）：在线零售商的常见问题解答部分。

目标（objective）：回答客户关于订单、退货和退款的常见问题。

风格（style）：直接、信息丰富。

语气（tone）：专业、礼貌。

受众（audience）：在线购物的客户。

响应（response）：提供一个包含 10 个常见问题及其答案的列表。

通过使用 CO-STAR 框架，AI 能生成清晰且有用的 FAQ，提升客户满意度并减少客服工作量。

以下是 AI 生成的结果。

常见问题解答（FAQ）

1. 如何跟踪我的订单？

您可以在"我的订单"页面查看订单状态。订单发货后，我们会提供物流跟踪链接，您可以随时查看最新物流信息。

2. 下订单多久可以发货？

我们通常会在 24 小时内处理订单，并在 2~5 个工作日内发货。具体时间取决于您的收货地址和物流方式。

3. 我可以更改或取消订单吗？

如果您的订单尚未发货，您可以在"我的订单"页面申请修改或取消订单。如已发货，您可以在收到商品后申请退货。

4. 退货政策是什么？

我们提供 30 天无忧退货服务。商品需保持未使用状态，并附上原包装及相关票据。

5. 如何申请退货？

请登录"我的订单"，找到需要退货的商品，点击"申请退货"，并按照提示填写相关信息。

6. 退款多久可以到账？

我们将在收到退回商品并确认无误后 3~5 个工作日内处理退款，具体到账时间取决于您的支付方式。

7. 是否提供换货服务？

目前我们不支持直接换货。如果需要更换商品，请申请退货并重新下单。

8. 付款方式有哪些？

我们支持信用卡、借记卡、PayPal、Apple Pay 等多种支付方式，具体选项在结账时可见。

9. 订单显示"已送达"，但我没有收到，怎么办？

请先查看是否有家人或邻居代收，如仍未找到，请联系物流公司或联系客服，我们会帮您解决。

10. 如何联系客户服务？

您可以通过我们的在线客服、电子邮件或客服电话联系我们，客服工作时间为周一至周五 9:00~18:00。

真是太详细了。

场景五：新闻媒体领域

案例：一家新闻媒体希望 AI 帮助撰写一篇关于最新科技趋势的文章。

背景（context）：科技新闻报道。

目标（objective）：分析并报道当前最热门的科技趋势。

风格（style）：信息密集、分析性强。

语气（tone）：中立、客观。

受众（audience）：对科技感兴趣的读者，包括专业人士和普通读者。

响应（response）：撰写一篇 800 字的文章，深入探讨当前科技趋势。

通过明确 CO-STAR 要素，AI 可以生成一篇深入且客观的科技趋势分析文章，满足读者需求。

下面是 AI 生成的结果。

2025 年最新科技趋势：AI、量子计算与可持续技术的崛起

在科技飞速发展的今天，人工智能、量子计算和可持续技术正在成为全球关注的焦点。这些领域的进步不仅影响着科技公司，也在逐步改变人们的生活方式。本文将深入探讨这些关键趋势，以及它们可能带来的影响。

1. 人工智能的深入应用

人工智能（AI）近年来的进展令人瞩目，尤其是大语言模型（LLM）、计算机视觉和自动化技术的广泛应用。2025 年，AI 继续向多个行业渗透。

（1）医疗：AI 辅助诊断工具正在帮助医生更快、更准确地识别疾病，例如 AI 读取医学影像，提高早期癌症检测率。

（2）教育：智能辅导系统能够根据学生的学习习惯提供个性化教学方案，提高学习效率。

（3）企业应用：自动化客服、AI 生成内容（AIGC）和智能数据分析正帮助企业提升效率，降低运营成本。

（4）法律与金融：AI 法律助手和智能财务分析工具正在逐步提高决策的精准度。

然而，AI 也带来了一系列挑战，例如数据隐私问题、伦理困境以及 AI 生成内容的真实性问题。各国政府正在加强监管，以确保 AI 技术的合理使用。

2. 量子计算迈向实用化

长期以来，量子计算被视为未来计算领域的革命性突破。2024 年，多个科技公司，包括 IBM、谷歌和量子初创企业，都在竞相推进量子计算的商业化进程。

（1）化学模拟：量子计算可以精确模拟分子结构，推动新药研发和材料科学发展。

（2）金融建模：银行和投资机构正在测试量子计算在风险分析和市场预测中的潜力。

（3）密码学与安全：传统加密算法可能在量子计算机面前变得脆弱，因此"后量子加密"技术正在被积极研究。

虽然距离量子计算的全面普及仍有一定距离，但它的进步标志着计算能力的重大飞跃。

3. 可持续技术成为主流

面对全球气候变化，科技企业正在加速推进可持续技术，以减少碳排放并提高能源利用率。2025 年，以下几项技术正成为焦点。

（1）绿色能源：太阳能、风能和氢能的效率提升，使得清洁能源的普及速度加快。

（2）可回收材料：从电子产品到包装行业，可循环使用的材料正逐步取代一次性塑料和有害物质。

（3）智能电网：借助 AI 和物联网（IoT）技术，智能电网正在优化能源分配，提高能源使用效率。

全球企业纷纷响应"碳中和"目标，科技行业也在探索如何让技术创新与环保目标并行不悖。

结语

人工智能、量子计算和可持续技术的发展正在塑造 2025 年及未来的科技格局。虽然这些技术仍然面临挑战，但它们的潜力无疑将深刻影响各行各业。随着科技不断进步，我们可以期待一个更加智能、高效、可持续的未来。

如果我不告诉你这是 AI 写的，你是不是觉得就像在新闻网站上看到的一样？

通过 CO-STAR 框架，你可以像搭积木一样，把每个细节告诉 AI，让它更懂你的需求。这个方法不仅适合写文章，还能用来写广告词、做报告，甚至设计 PPT。

4.3 ROSES 框架：让 AI 秒懂你的心意

除了 CO-STAR 提示词框架，还有 ROSES 框架。ROSES 框架就像是给 AI 设计的一张"说明书"，告诉它该用什么身份、如何思考、如何回答问题。这个框架能让 AI 给出的答案更准确、更符合你的需求。ROSES 代表角色（role）、目标（objective）、场景（scenario）、预期答案（expected solution）、步骤（step）。我们来一个个讲清楚，并用简单的例子加以说明。

1. 角色（role）—— 告诉 AI 它是谁

解释：就像演戏一样，AI 需要知道自己扮演的角色。不同的角色会影响回答方式。如果 AI 是医生，那么回答方式会和老师的回答方式不一样。

• **案例 1**：你想让 AI 帮忙解释数学题。

普通问法："AI，帮我讲解分数。"

使用 ROSES："假设你是一名五年级数学老师，请用简单的方法给我讲解分数运算。"

结果：AI 会像老师一样，用容易理解的方式讲解，而不是给出复杂的数学公式。

• **案例 2**：你想让 AI 写一个故事。

普通问法："写个关于太空的故事。"

使用 ROSES："假设你是一位儿童故事作家，写一个关于小朋友乘坐宇宙飞船去火星探险的故事。"

结果：AI 会用生动有趣的方式编故事，而不是写成一篇科学文章。

2. 目标（objective）—— 让 AI 知道你想要什么

解释：明确告诉 AI 你希望它做什么，而不是让它猜。

• **案例 1**：你想让 AI 帮助你学英语。

普通问法："AI，教我英语。"

使用 ROSES："假设你是一位英语老师，我是一名小学生，帮我学习简单的日常对话，比如问路和购物。"

结果：AI 会提供基础的日常英语对话，而不会给你一篇复杂的语法分析。

• **案例 2**：你希望 AI 帮忙写电子邮件。

普通问法："AI，写封邮件。"

使用 ROSES："假设你是一个客服经理，帮我写一封礼貌的电子邮件，回复客户关于退货的问题。"

结果：AI 会写出专业且礼貌的邮件，而不会随便写几句话。

3. 场景（scenario）—— 让 AI 知道背景信息

解释：提供具体的情境，让 AI 更好地理解问题，避免回答得太笼统。

• **案例 1**：你想让 AI 帮你写一封道歉信。

普通问法："AI，帮我写封道歉信。"

使用 ROSES："假设你是我的写作老师，我需要给同学写一封道歉信，因为我不小心弄坏了他的铅笔盒。请帮我写一封真诚的道歉信。"

结果：AI 会根据你的具体情况，写出合适的道歉信，而不会写成一封和朋友吵架的道歉信。

• **案例 2**：你想让 AI 讲解天气变化。

普通问法："AI，解释天气变化。"

使用 ROSES："假设你是科学老师，今天要上关于天气的课。请用简单的语言解释为什么会下雨。"

结果：AI 可能会用比喻，比如："天空就像一个大水壶，水蒸气变成小水滴，积累多了就会变成雨落下来。"

4. 预期答案（expected solution）—— 告诉 AI 你想要的回答形式

解释：不同的任务可能需要不同的回答格式，比如列表、表格、故事、对话等。

案例：你想让 AI 解释如何写日记。

普通问法："AI，告诉我怎么写日记。"

使用 ROSES："假设你是一位写作老师，请用 3 个简单的步骤告诉我如何写一篇有趣的日记，并举个例子。"

结果：AI可能会给出以下回答。

写下日期和天气："今天是晴天，阳光很暖和。"

记录一天中发生的有趣事情："今天我和朋友去公园玩，发现了一只特别大的蝴蝶。"

写下感受："我觉得今天很开心，因为我学到了关于蝴蝶的新知识。"

5. 步骤（step）——让 AI 按顺序回答

解释：如果问题比较复杂，可以要求 AI 按步骤回答，这样会更清楚。

• **案例 1**：你想让 AI 教你做蛋糕。

普通问法："AI，怎么做蛋糕？"

使用 ROSES："假设你是一名烘焙老师，请用 5 个简单的步骤告诉我如何做一个巧克力蛋糕。"

结果：AI 可能会给出以下步骤。

（1）准备材料：面粉、鸡蛋、糖、牛奶、可可粉等。

（2）搅拌蛋糕糊：把鸡蛋和糖打发，加入牛奶和面粉搅拌均匀。

（3）倒入模具：把蛋糕糊倒入烤盘，放入预热好的烤箱。

（4）烘烤：在 180° C 下烤 30 分钟，直到蛋糕变得蓬松。

（5）装饰蛋糕：蛋糕冷却后，可以加巧克力酱或水果装饰。

• **案例 2**：你想让 AI 教你如何管理时间。

普通问法："AI，教我时间管理。"

使用 ROSES："假设你是一名时间管理专家，请用 3 个步骤教我如何更好地安排每天的学习时间。"

结果：AI 会给出以下建议。

（1）列出每天要做的事情：比如"早上背单词，下午做数学练习。"

（2）制订时间表：每项任务安排固定时间，比如"每天晚上 8 点，阅读 30 分钟。"

（3）坚持执行：每天检查任务是否完成，调整计划。

总结一下，ROSES 框架能帮助 AI 更准确地理解你的问题，让它的回答更符合你的需求。只要按照"角色""目标""场景""预期答案""步骤"这五个部分去设计问题，你就能让 AI 更理想地帮你解决问题！

4.4 CLEVER 框架：精准操控 AI 的思维链

前面的两个框架强调了角色，一个是输出者的角色定位，一个是输出后人群的定位。而 CLEVER 框架可以帮助你更清楚、更高效地和 AI 交流，让 AI 给出准确、有价值的回答。你可以把它当成写出完美问题的"六步秘诀"！

CLEVER 的具体含义如下。

C（clarity，清晰度）：让问题简单明了，避免模糊的词。

L（language，语言）：用具体的描述，让 AI 更容易理解。

E（efficiency，效率）：用清楚的结构或模板，减少 AI 的误解。

V（value，价值）：让 AI 的回答对你真正有帮助，解决你的问题。

E（evaluate，评估）：不断优化问题，让 AI 给出更好的答案。

R（result，结果）：测试多个版本，找到最好的提问方式。

下面分别讲解。

1. 清晰度（clarity）—— 避免模糊的提问

如果你的问题太模糊，AI 可能会给你不相关的答案。

- 案例 1

模糊："告诉我如何写一篇好文章。"

清晰:"请告诉我 3 个提高小学作文水平的技巧,并举例说明。"

结果:AI 会直接给你 3 个针对小学生作文的具体写作技巧,而不是随便说一堆写作的理论。

- 案例 2

模糊:"怎么做好吃的早餐?"

清晰:"请推荐 3 种 10 分钟内可以完成的营养早餐,并写出简单的制作步骤。"

结果:AI 不会给你一堆复杂的菜谱,而是给出能够快速做出营养早餐的方法!

2. 语言(language)—— 用具体的描述,让 AI 更懂你

AI 理解具体的词比理解抽象的词更容易。

- 案例 1

模糊:"怎么提高数学能力?"

具体:"请推荐 3 个适合五年级小学生的数学学习方法,并举例说明。"

结果:AI 会提供适合五年级学生的具体学习方法,而不是给出所有年级通用的建议。

- 案例 2

模糊:"推荐一本书。"

具体:"请推荐一本适合 10 岁孩子阅读的冒险小说,并简要介绍故事情节。"

结果:AI 只会推荐适合 10 岁孩子阅读的书,不会推荐太难或太简单的内容。

3. 效率(efficiency)—— 用模板化结构,减少 AI 的误解

一个有结构的问题,比随意的提问更容易让 AI 理解。

第 4 讲　对话 AI 的秘籍：成为语言魔法师

- 案例 1

普通问法："怎么练习英语？"

用模板："请按照以下结构回答。

（1）听力：推荐两种提高听力的方法。

（2）口语：推荐两个练习口语的技巧。

（3）阅读：推荐两本适合初学者的书籍。"

结果：AI 会按照你的结构回答，而不是随便列出一堆方法。

- 案例 2

普通问法："如何提高演讲能力？"

用模板："请按照以下结构回答。

（1）心理准备：如何克服紧张？

（2）表达技巧：如何让语气更有吸引力？

（3）练习方法：推荐两种练习演讲的方式。"

结果：AI 的回答会更有条理，而不是给出乱七八糟的建议。

4. 价值（value）—— 让 AI 解决你的真正问题

AI 的回答要真正有帮助，而不仅仅是提供信息。

- 案例 1

普通问法："怎么减肥？"

优化后："假设你是一位营养师，我是一名职场人，每天只有 30 分钟锻炼时间，请推荐一个简单的减肥计划，包括饮食和运动建议。"

结果：AI 会根据你的时间和身份，给出更适合你的减肥方案。

- 案例 2

普通问法："怎么管理时间？"

优化后："假设你是一位时间管理专家，我是一名中学生，请推荐 3

91

个适合中学生的时间管理技巧,并举例说明。"

结果:AI 会提供适合中学生的时间管理方法,而不是适合大人用的技巧。

5. 评估(evaluate)—— 反复优化,让 AI 给出更好的答案

AI 有时候第一次的回答不完美,你可以调整问题,让它给出更好的答案。

- 案例 1

第一版问题:"怎么提高写作能力?"(提问太笼统)

优化版:"假设你是一位作家,请告诉我 3 种提高小学生写作能力的方法,并提供 1 个练习技巧。"(更具体)

结果:AI 现在会提供清楚的写作方法,并附带一个练习技巧。

- 案例 2

第一版问题:"推荐一个好玩的假期活动。"(提问太随意)

优化版:"假设你是一位儿童活动策划师,请推荐 3 种适合 10 岁孩子的暑假活动,并说明各自的优缺点。"(更精准)

结果:AI 会提供更适合孩子的假期活动,并分析优缺点,方便选择。

6. 结果(result)—— 测试不同问题,找到最好的答案

有时候,换一种问法,AI 的回答会更好。

- 案例 1

问题 A:"怎么学好数学?"(提问太宽泛)

问题 B:"假设你是一位数学老师,请告诉我 3 个适合五年级小学生的数学学习方法,并提供一道练习题。"(更具体,答案更有用)

- 案例 2

问题 A:"请推荐一个简单的健身计划。"(提问太笼统)

问题 B:"假设你是一位健身教练,我每天只有 20 分钟锻炼时间,请推荐一个 7 天的健身计划,包含运动项目和时长。"(更精准,答案更有价值)

结果：问题 B 的答案更符合实际需求。

由此可见，用 CLEVER 能让 AI 更 clever（聪明）。下次你问 AI 问题时，可以尝试用以上方法来操作。

4.5　大模型暗语：不同 AI 的专属通关密码

以下是针对主流大语言模型的提示词框架适配指南，结合了各模型的技术特性与实测效果分析，仅供大家学习参考。

4.5.1　GPT 系列（GPT-4/4o）

1. 核心优势

（1）强大的上下文理解与角色一致性保持能力。

（2）在复杂推理和创意写作领域表现突出。

2. 适配框架

1）角色扮演框架

举例："你是一名资深汽车工程师，需要用小白能听懂的方式解释混动技术。

要求如下：

（1）对比油车/电车/混动的优缺点。

（2）用冰箱工作原理做类比。

（3）结尾给出购车建议。"

2）故事生成框架

关键要素：世界观 + 人物关系 + 情节冲突。

举例："生成《三体》风格的科幻短篇，角色行为符合宇宙社会学设定。"

避坑指南：避免过度碎片化指令，GPT-4在自由创作中表现更佳。

4.5.2 DeepSeek 系列

1. 核心优势

（1）数学推理与代码生成能力领先（数学竞赛题正确率超 GPT-4 15%）。

（2）结构化数据处理效率高。

2. 适配框架——逻辑链框架（chain-of-thought）

举例："已知水箱 A 单独注水需 8 小时，水箱 B 需 12 小时，求同时注水多久能装满 90% 容量？请分步骤解决。

要求如下：

（1）计算各水箱每小时注水量。

（2）推导协同工作效率。

（3）验证结果合理性。"

4.5.3 Kimi（月之暗面）

1. 核心优势

（1）200 万字超长上下文处理。

（2）中文古典文学理解能力突出。

2. 适配框架

1）长文档分析框架。

举例："分析《红楼梦》前 80 回与后 40 回的差异。

要求如下：

（1）对比主要人物性格变化（贾宝玉、林黛玉）。

（2）统计诗词出现频率差异。

（3）输出 Markdown 对比表格。"

2）古文今译框架。

关键要素：原文＋注释＋白话解析。

4.5.4 通义千问

1. 核心优势

（1）多模态理解（图片／文档／音视频）。

（2）电商场景优化显著。

2. 适配框架

1）视觉描述框架

举例："根据产品图生成详情页文案（图片为白色智能手表）。

要求如下：

（1）突出 IP68 防水＋血氧监测。

（2）使用"职场精英必备"话术。

（3）带 emoj 表情符号。"

2）多模态分析框架

关键要素：跨模态信息关联＋结构化输出。

举例：直播视频转带货文案，准确提取核心卖点。

4.5.5 元宝（元象大模型）

1. 核心优势

（1）垂类知识库支持（法律／医疗／金融）。

（2）实时信息检索增强。

2. 适配框架

1）专业问答框架

举例:"基于《民法典》解释无民事行为能力人条款。

要求如下:

（1）引用第 20 条原文。

（2）说明适用情形。

（3）2024 年相关诉讼案例。"

2）实时信息框架。

关键要素：时间限定 + 信源验证。

4.5.6 Claude 系列

1. 核心优势

（1）严格遵循指令的"公务员"特性。

（2）伦理审查机制完善。

2. 适配框架

1）结构化指令框架

举例:"生成企业级网络安全报告。

结构要求如下:

（1）威胁态势分析（2024 年数据）。

（2）典型攻击案例（金融/医疗行业）。

（3）防御方案矩阵（技术/管理/人员）。"

2)伦理审查框架

关键要素:负面提示+安全护栏。

案例:在投资建议中自动过滤高杠杆策略。

4.5.7 各个大模型的适用场景

各个大模型适用的场景如表 4-1 所示。

表 4-1 各个大模型适用的场景

模型	首选框架(1)	首选框架(2)	慎用场景
GPT-4	角色扮演	创意写作	高精度计算
DeepSeek	逻辑推理	代码生成	文学创作
Kimi	长文本分析	古文处理	实时信息
通义千问	多模态交互	电商文案	专业领域深挖
元宝	专业问答	实时检索	开放域闲聊
Claude	结构化输出	合规审查	创意发散

由此可见,每个大模型都有自身的优缺点,具体的实践建议如下。

1. 混合框架策略

(1)法律文件起草:元宝(法条检索)+Claude(格式审查)。

(2)营销方案策划:GPT-4(创意)+通义千问(视觉化)。

2. 参数微调技巧

最大长度:Kimi 优先设置 128k tokens[①],其他模型建议设置 8k-32k tokens。

---

① 1k tokens = 1000 个语义单元,token 是 AI 模型处理的最小语义单位,每个 token 代表分词后的一个子单元。按比例计算,1k tokens 可表达约 750 个常用英文单词,500~1000 个汉字。

3. 避坑指南

（1）避免让 DeepSeek 处理开放式故事续写。

（2）不要用 Claude 生成虚构历史事件细节。

最后总结一下，提示词工程可通过结构化框架（如 CO-STAR、ROSES、CLEVER）精准引导 AI 输出，其中 CO-STAR 适合通用场景（教育、医疗、营销等），ROSES 侧重角色化分步任务，CLEVER 强调优化迭代。不同模型适配不同框架：GPT-4 长于创意与角色扮演，DeepSeek 精于逻辑推理，Kimi 擅于分析长文本，通义千问强在多模态，Claude 可确保合规结构化，元宝专注于专业领域。

掌握以上这些技巧，可最大化释放 AI 潜力，让沟通变得更高效、精准。请记住，我们不是在编写指令，而是在唤醒沉睡的天才。

第 5 讲

思维跃迁：
让 AI 学会"深思熟虑"

我们前面介绍的大语言模型其实是 AI 发展的第一个阶段——聊天机器人。而在 2025 年央视的春节晚会上，DeepSeek R1 以跳秧歌舞的形式横空出世，不但在国内起到了很好的 AI 科普作用，也引发了美国硅谷的震动。DeepSeek R1 在数学、编程、逻辑等多个领域的 AI 竞赛里取得了第一名的成绩。很多人说 DeepSeek R1 是最聪明的大模型，那 DeepSeek 为什么聪明呢？AI 越来越聪明，会不会有一天产生意识，甚至取代人类呢？这一讲，我们就一起来了解一下 AI 大模型的第二个阶段——推理模型。

第 5 讲　思维跃迁：让 AI 学会"深思熟虑"

5.1　快思维陷阱：传统 AI 的直觉式应答

前面我们提到过传统大语言模型（第一个阶段）是如何工作的。它就像一个"超级快的猜谜高手"，看到一句话后，就能立刻猜出下一个最可能出现的词语，而且速度非常快。这个过程就像我们玩接龙游戏，比如听到"今天的天气……"后，我们很自然地会想到"很好"或"很冷"。这种快速的思考方式就是心理学家所说的"系统一"——一种不经过深思熟虑的"快思维"。

在人类的思维中，系统一是我们平时经常使用的一种方式。它的特点是快速、直觉性、不需要太多思考。例如：

（1）看到一个熟悉的标志，我们会瞬间知道它的意思。

（2）听到别人说"你好"，我们会马上回答"你好"。

（3）看见别人摔倒，我们会立刻伸手去扶。

（4）听到"9×9"，我们就会回答"81"。

这些反应都不需要我们刻意思考，大脑会自动给出答案。大语言模型的工作方式和这个很像，它看到一段文字后，会快速计算下一个最可能的词语是什么，然后继续预测下一个词，直到形成一整句话。

举个例子，如果你输入一句话："小猫跳上了……"大语言模型可能会快速生成下面的文字：

"……沙发，舒服地蜷缩起来。"

"……桌子，好奇地望着窗外。"

"……床，开心地玩起了毛线球。"

这时候，你可能会觉得："哇，AI 好聪明，它能像人一样说话！"但其实，它并不是真正理解了"猫""跳""沙发"这些词的意思，而是根据以前看过的无数篇文章，找到最常见的搭配，然后快速"猜"出最合适的答案。

系统一虽然很快，但会犯错，这就是为什么我们说 AI 有时候会产生幻觉。因为系统一的反应速度快，但它并不擅长深思熟虑，它的答案只是基于经验，而不是经过逻辑推理，所以有时候会犯一些"想当然"的错误。比如，当我们问大语言模型："兔子比大象大吗？"它可能会回答："是的，兔子比大象大。"这听起来很荒唐，但为什么会这样呢？这是因为它的"快思维"有时会被误导——如果训练数据里有太多关于"兔子很大"或者"大象很小"的句子，它可能就会错误地认为"兔子比大象大"也是合理的。

再比如，最经典的 AI 测试问题：9.11 和 9.9 相比，哪个更大？大部分的大语言模型 AI 会告诉你"9.11 比 9.9 大"，因为 AI 并不真正"计算"这两个数并进行比较，而是基于训练文本中的模式进行概率推断。如果 AI 在海量文本中频繁接触"9.11"与"9·11 事件"强关联，以及"9.9"常与节日日期等场景绑定时，其语言模型会优先激活这些高权重语义标签，此时数字本身的数值属性被弱化，导致比较逻辑完全偏离数值维度，这就可能会出现错误的答案。另外 AI 还有可能受到小数点格式的影响，"9.11"可能在某些语境中被写作"9，11"（在某些国家，小数点用逗号表示）。"9.9"可能被写成"9.90"或"9，9"。AI 在理解这些格式时，可能会误解它们的大小关系，导致计算错误。

5.2 推理特训课：教会 AI "像侦探一样思考"

在人的大脑里，除了系统一——"快思维"外，还有系统二——"慢思维"。

系统二是一种深思熟虑的、需要逻辑推理的思维方式，举例如下。

（1）做复杂的数学题：当你算"9×9"的时候，你会脱口而出"81"，但是让你算"99×99"呢？你就不会凭直觉直接说答案，而是会一步步计算。

（2）下象棋：开局阶段你可能会快速下，这是因为有开局棋谱，一旦布局完成，你要思考下一步怎么走的时候，就要根据对手的招法应变，才有可能赢得比赛。

但是，传统的大语言模型并不具备系统二的能力。它不会真正思考问题，而是依靠概率和模式匹配选择下一个词是什么。这就导致它在面对逻辑性强的问题时，很容易犯错。那怎么让 AI 具备系统二呢？

5.3 慢思维觉醒：AI 的深度思考模式

回到上面那个问题："99×99"要怎么算呢？你是不是要列竖式了，同样的道理，教 AI 学会系统二，就像教小朋友养成"写作业不着急、做完要检查"的好习惯。我们有一些常用的方式教 AI 学会系统二。

5.3.1 分步答题法——像搭建乐高城堡一样一步步来

我们可以教它一种叫作"分步答题法"的方法。这种方法就像乐高的步骤说明书一样，让 AI 一步一步地分析问题。这样，它就不会只凭直觉乱猜答案了，而是会像一个认真做题的学生，一步一步地推理和计算，最后得出正确答案。

1. 为什么 AI 要用分步答题法

想象一下，如果你拿到了一盒乐高玩具，但没有说明书，你直接拿起一堆积木，要一下子拼出一个漂亮的城堡。但这几乎是不可能的，因为你不知道先拼哪一部分，哪些零件要先用，哪些要后用。

如果你有了一本详细的说明书，你就可以按照步骤，先拼地基，再搭墙体，最后加上屋顶。这样一步一步拼下去，最终就能得到一个完整的城堡。这个过程虽然比直接乱拼慢，但成功的概率更高，而且不会拼错。

AI 在回答复杂问题时也需要这样。它不能一下子想出答案，而会像拼乐高一样，一步一步地拆解问题，按照顺序慢慢推理。这样，它才能得到正确答案。

分步答题的原理就像让 AI 一小口一小口地吃蛋糕。也就是说，把大问题拆成一个个小步骤，让 AI 一步步思考。

2. 分步答题法的步骤

如果 AI 用分步答题法回答"怎么用 10 元钱买最划算的文具"，它会这样做。

第一步：列出可能购买的文具。

AI 会先想一想，在文具店花 10 元钱可以买哪些文具，如铅笔、橡皮、本子、尺子等。这一步就像在拼乐高之前，把所有的积木分类整理好，知道有哪些零件可以用。

第二步：查找价格信息。

AI 不会直接选择文具，而会先看每个文具的价格。比如：铅笔 1 元一支，橡皮 2 元一个，本子 3 元一本，尺子 2 元一把。

这一步就像我们在拼乐高时，先看看每个零件长什么样，这样才能知道哪些零件适合拼到一起。

第三步：计算不同组合的总价。

AI 会尝试不同的购买组合，比如，2 支铅笔 +1 块橡皮 +1 个本子 =7 元，还剩 3 元；1 支铅笔 +1 块橡皮 +1 个本子 +1 把尺子 =8 元，还剩 2 元；3 支铅笔 +1 块橡皮 +1 个本子 =8 元，还剩 2 元。

这一步就像我们拼乐高时，先尝试不同的拼法，看哪种拼法最合适。

第四步：选出最划算的方案。

AI 会对比所有可能的购买组合，从中选出最划算的一种。比如，它可能会选第二种方案，因为这种方案买的东西最多，用的钱也刚刚好，没有浪费。

第五步：给出答案。

AI 会根据计算结果告诉你："你可以买 1 支铅笔、1 块橡皮、1 个本子、1 把尺子，这样最划算。"这个答案就是经过认真计算的，而不是随便猜出来的。

3. 分步答题法的好处

（1）减少 AI 猜答案的错误。如果 AI 直接猜答案，它可能会忘记检查价格，也可能会选到不划算的组合。但如果一步一步思考，AI 就会认真计算，确保答案是正确的。

（2）让 AI 能回答更复杂的问题。有些问题如果不拆成小步骤，AI 根本无法回答。比如解数学题，如果用分步答题法，AI 就能像人类一样，先列式，再计算，最后检查答案，这样就不会出错。

（3）让 AI 回答问题更有逻辑。AI 有时候回答问题会前后矛盾，但如果它用分步答题法，思考过程就会更加清晰，答案也会更有逻辑性。

4. 怎么训练 AI 学会分步答题

第一步：让 AI 先列出解决问题的步骤。

当 AI 遇到一个问题时，不能立刻回答，而是要先写出它打算怎么解答。这样就能让它先厘清思路，再动手回答。

第二步：让 AI 在每一步都写清楚原因。

AI 不能只是简单地说"下一步做什么"，而是要解释"为什么要这样做"。这样可以让它的答案更加清晰，而不是随便给出一个结论。

第三步：让 AI 在最后一步检查自己的答案。

AI 在得出答案后，需要再回头看看（自己的计算有没有错误，有没有更好的答案），这样可以让它减少错误，并提高回答的质量。

总的来说，分步答题法就是让 AI 不要一下子给出答案，而是像拼乐高一样，按照说明书一步一步地推理和计算。这样可以让 AI 减少错误，回答更有逻辑，还能解决更复杂的问题。

5.3.2 自我检查法——像做完数学题要验算一样

1. 为什么 AI 要用自我检查法

AI 在回答问题时，有时候会犯错，就像学生做数学题时可能会写错答案一样。为了让 AI 更聪明，我们需要教它学会"自我检查法"，就像老师要求学生做完数学题后要验算一样，让它用不同的方法再算一遍，确保答案正确。这样，AI 就不会因为计算错误而给出错误答案了。

2. 自我检查法的步骤

自我检查法的原理就是让 AI 像学生交作业前再检查一次一样。

第一步：AI 先用一种方法计算答案。

比如 AI 收到问题："15×6=？"它可能会直接写出答案"80"。

第二步：AI 自动启动检查程序。

AI 不会急着告诉你答案，而是会用另一种方法计算一次，比如用加法：15+15+15+15+15+15=90。

第三步：AI 对比两个答案。

AI 会发现自己第一次的答案是 80，但用加法算出来是 90，两个答案不一样。

第四步：AI 修改答案并给出最终结果。

AI 意识到自己算错了，就会修改答案，并最终告诉你："正确答案是 90。"这样，AI 就不会犯低级错误了。

3. 自我检查法的好处

（1）让 AI 减少计算错误。AI 有时候会犯低级错误，比如简单的乘法、加法或者逻辑推理题算错了。如果 AI 学会自我检查，它就能自动发现错误并修正。

（2）让 AI 的答案更可靠。如果 AI 回答完问题还能再检查一次，那它的答案就会更加准确。人们在使用 AI 时，也能更加放心，不用担心它随便猜答案。

（3）让 AI 学会更严谨地思考。AI 在回答问题时，如果能像认真做作业的学生一样仔细检查，它就会变得更加严谨，而不是只求"快"而不求"对"。

4. 怎么训练 AI 学会自我检查

第一步：让 AI 自动进行多种计算方法验证。

AI 做数学题时，不是只用一种方法算，而会用多种方法验证答案。比如，乘法题可以用加法再验算，除法题可以用乘法反推，逻辑推理题可以从不同角度再验证一次。

第二步：让 AI 发现错误后主动修正。

如果 AI 发现两种计算方法的答案不一样，就会自动重新计算，而不是直接给出错误答案。

第三步：让 AI 在最终回答前检查一遍所有步骤。

AI 不能只看最后的答案，而是需回头检查自己的计算过程，确保每一步都是正确的，这样才能减少出错的概率。

总结一下，自我检查法就像小朋友做完数学题后需要验算一样，能帮助 AI 发现错误并修正，让它的答案更加准确。

5.3.3 调用工具法——遇到难题就翻书、查字典

对于大语言模型，如果只是靠它"脑子"里已有的信息，它可能会猜错答案。就像我们平时做题时，如果遇到不会做的题目，最好的方法不是乱猜，而是翻书、查字典，找到正确的答案。所以，让 AI 学会"调用工具法"十分必要。为了让 AI 变得更聪明，我们可以给它配一套"智能文具盒"，让它学会先查资料再回答问题，而不是凭感觉随便猜。这样，它的答案就会更加准确。

1. AI 的"智能文具盒"种类

调用工具法的原理就像给 AI 配一套"智能文具盒"。

（1）计算器——用来解决数学问题。AI 遇到复杂数学题时，不自己算，而是调用计算器。比如计算 789×456，它不会自己写个答案，而是会用计算器计算，得到正确答案：359784。

（2）百科全书——用来查事实和知识。AI 不会靠记忆回答事实问题，

而是会查找最新的百科知识库，如百度百科、新闻网站等。比如你问："世界上最高的山是哪座山？"AI会先查找资料，然后回答："珠穆朗玛峰，海拔8848.86米。"

（3）地图软件——用来解决路线问题。AI遇到和地理、交通相关的问题时，会查找地图软件。比如你问："从北京到上海怎么走？"AI会调出高德或者百度地图，截图后再反馈。

（4）天气预报——用来提供最新的天气信息。AI不会自己"猜"天气，而是查找最新的天气预报数据，如中国天气网、中央气象台的数据。比如你问："明天上海的天气怎么样？"AI会去查天气网站，告诉你最新的预报，比如它会回答："多云，气温20~28℃。"

2. AI调用工具法的步骤

AI如何像人类一样查资料呢？当遇到一个难题时，它不会立刻回答，而是按照以下步骤进行思考。

第一步：判断自己是否"会做"。

AI先看这个问题是自己可以直接回答的，还是需要查资料。例如，如果你问"1+1等于几？"AI知道答案是2，就可以直接回答。但如果你问："今年北京到上海的高铁票价是多少？"AI就知道它需要查资料，而不能凭记忆回答。

第二步：选择合适的工具。

AI会思考应该用哪种工具。比如，如果是数学题，就用计算器；如果是地理问题，就查地图软件；如果是新闻，就去查新闻网站。

第三步：查询最新数据。

AI不会马上给答案，而是先去查找资料。比如，如果是天气问题，它会访问天气预报网站；如果是路线问题，它会访问地图软件。

第四步：整理信息，给出正确答案。

AI不会直接把查到的信息原封不动地发出来，而是整理后用最清楚的语言告诉你答案，举例如下。

错误回答（没有查资料）："从北京到上海的高铁票价大概500多元。"

正确回答（查了最新数据）："根据中国铁路12306铁路的最新信息，北京到上海的高铁票价：二等座553元，一等座933元，商务座1748元。"

第五步：自我检查，确保答案准确。

AI最后会检查一遍它查到的数据，比如确认是不是最新的，数据来源是不是可靠的，然后才告诉你最终答案。

3. 调用工具法的好处

（1）让AI的答案更准确。AI不再凭记忆回答，而是先查找最新的信息，确保答案不会因为过时而出错。

（2）让AI能解决更多问题。有些问题如果不查资料，AI根本答不出来，比如最新的票价、天气、新闻等。如果AI学会调用工具，它就能回答更多类型的问题。

（3）让AI更像真正的助手。真正聪明的人类助手不是所有问题都直接回答，而是会先查找资料，再给出答案。AI学会查资料，就能更像人类一样思考。

4. 怎么训练AI学会调用工具

（1）让AI知道自己"不知道"。AI不能假装自己什么都懂，而是要学会判断哪些问题自己能回答，哪些问题需要查资料。

（2）给AI接入各种工具。第一，让AI学会调用计算器做数学题。第二，让AI学会查百科全书获取事实知识。第三，让AI学会用地图软件查询路线。第四，让AI学会访问新闻网站获取最新消息。

（3）让 AI 整理和总结查到的信息。AI 不能只把查到的资料直接复制，而是要整理成清楚易懂的答案，就像一个真正的助手一样。

总结一下，调用工具法就像翻书查字典，让 AI 在遇到不会的问题时，先查找资料，再给出答案，而不是直接猜。

5.3.4 对抗训练法——就像让两个 AI 工具吵架再评理

人类的思考方式通常是经过辩论、讨论，最终找到最合理的答案。为了让 AI 学会更严谨地思考，我们可以用对抗训练法，让两个 AI 像"吵架"一样进行辩论，再让一个"裁判 AI"评理，最终得出最合理的答案。

1. 为什么 AI 要学会"对抗训练法"

（1）AI 可能会给出错误答案。有时候，AI 回答问题会凭经验直接给出答案，但它的经验并不一定是对的。比如：

AI1 说："夏天每天要喝 8 杯水！"

AI2 说："不对！运动多的人需要喝 10 杯！"

如果没有经过讨论，AI 可能会随便选一个答案告诉你，而这个答案可能并不准确。

（2）让 AI 学会从不同的角度思考问题。现实世界的问题通常不能简单地用"对"或"错"来回答，而是需要从多个角度考量。比如不同的人喝水的需求不同，体重、运动量、天气都会影响喝水量。另外，对同一个问题，科学研究可能会有不同的观点，AI 需要对比多个研究后得出结论。

（3）让 AI 更像真正的专家。真正的专家不会只看一个观点，而是会研究多个不同的观点，然后结合证据，找出最合理的结论。AI 如果也这样思考，就能更准确地回答问题，而不是随便猜答案。

2. AI如何才能像人类一样辩论

第一步：让两个 AI 提出不同观点。

当遇到一个复杂问题时，我们不让 AI 直接回答，而是让它自己"分成两派"，提出不同的观点，就像在法庭上辩论一样。

第二步：让两个 AI 互相反驳。

每个 AI 都要拿出理由，反驳对方的观点，比如红 AI 说："人每天都应该喝 8 杯水！"蓝 AI 说："不对！如果运动量大，应该喝 10 杯水！"

第三步：让裁判 AI 查找证据。

AI 不会凭感觉裁决，而是会查找权威的医学研究资料，看科学家是怎么说的。

第四步：裁判 AI 做出结论。

裁判 AI 会总结两个 AI 的观点，并结合查到的证据得出最终的答案，比如："根据医学研究，每 20 千克体重需要 1 升水，所以不同体重、不同运动量的人，喝水需求不同。"这样，AI 的答案就会更加科学，而不是随便给一个数值。

3. 对抗训练法的好处

（1）让 AI 更严谨，不随便猜答案。AI 不会只凭记忆回答，而是经过多个角度的讨论，确保答案更合理。

（2）让 AI 学会多角度思考。它不会只看一个答案，而是会考虑不同情况，让答案更加全面。

（3）让 AI 像真正的专家一样分析问题。科学家、医生、律师在解决问题时，会参考多个观点，再进行判断。AI 也应该这样做，而不是随便给一个答案。

4. 怎么训练AI学会对抗训练法

（1）让AI自动生成不同观点：当AI收到一个问题时，它不能立刻回答，而是先生成两个不同的观点，让自己进行辩论。

（2）让AI互相反驳：两个AI不能各说各的，而是要根据事实、逻辑，提出反驳意见。

（3）让AI查找证据：AI不能只靠自己的"记忆"判断，而是要查找科学研究、数据，找到最可靠的证据。

（4）让AI整理最终答案：裁判AI要结合所有信息，给出最合理、最准确的答案，而不是从选项中只选一个答案。

5. 对抗训练法的应用场景

场景一：医学建议

AI1："糖尿病人应该完全不吃糖。"

AI2："不对！有些糖尿病人可以吃少量的水果。"

裁判AI查找医学研究资料后给出结论："糖尿病人需要控制糖分摄入，但不是完全不能吃。"

场景二：历史问题

AI1："长城是为了防御外敌而建的。"

AI2："不对！长城还有管理边境贸易的作用。"

裁判AI查阅历史资料后总结："长城的主要作用是防御，但也有管理边境的功能。"

场景三：科技发展

AI1："未来AI会取代人类工作。"

AI2："不对！AI只会帮助人类，而不会完全取代。"

裁判AI调查经济研究资料后总结："AI会替代一些重复性工作，但人类仍然在创造和管理方面更有优势。"

总结一下，对抗训练法就是让 AI 像人类一样思考，不是直接给出答案，而是先让两个 AI 进行辩论，再让裁判 AI 查找证据，最终得出最合理的答案。这种方法可以让 AI 变得更加严谨，减少错误，让它的答案更全面、更科学，真正成为人类最聪明的助手。

5.3.5 人类纠正法——老师用红笔批改作业

1. 为什么 AI 要学会人类纠正法

人类学习时，最重要的一点就是从错误中学习。学生做作业时，老师会用红笔批改错误，并告诉正确的答案。下次再遇到类似的问题，学生就知道该怎么做了。AI 也需要这样的学习方法，才能变得更聪明。

这就是"人类纠正法"——当 AI 犯错时，人类帮它"画叉"，并示范正确的思考过程，让 AI 记住正确答案，并改进自己的思考方式。

如果 AI 记住了错误的知识，并且一直不改，那以后每次遇到类似的问题，它都会继续犯错。所以，AI 需要一种方法，让自己真正学会正确的思考过程，而不仅仅是背答案。

2. 人类纠正法的训练过程

第一步：AI 先尝试回答问题。

比如，你问 AI："100 米赛跑，人类比猎豹快吗？"AI 可能会回答："是的，人类比猎豹快！"（错误答案）

第二步：人类发现错误，画叉并标注。

就像老师改作业一样，人类会告诉 AI："错了！猎豹比人类快得多！"

第三步：人类示范正确的思考过程。

人类不能只告诉 AI"你错了"，而是要像老师讲题一样，让 AI 了解正确的答案是怎么推理出来的。

（1）查找猎豹的速度：猎豹的奔跑速度最高可达115千米/小时。

（2）查找人类的速度：人类最快的100米短跑纪录是9.58秒（博尔特），换算成时速大约37千米/小时。

（3）对比两者速度：115>37，所以猎豹比人类快得多。

第四步：AI记住正确答案，并更新自己的知识库。

AI不能只是简单改错，还要把正确的答案存进记忆库，比如："猎豹的最高时速是115千米/小时，人类最快的短跑时速是37千米/小时，所以猎豹比人类快。"下次，如果再有人问AI这个问题，它就不会答错了。

3. 人类纠正法如何才能让AI变得更聪明

（1）AI会不断进步，不再重复犯错，AI经过一次纠正后，以后遇到类似的问题就不会再答错。

（2）AI能学会"查找证据"，而不是乱猜答案。AI不仅仅是改正一个错误，而是会用"查找数据+比较数据"的方式推理答案。

（3）AI可以建立自己的"知识库"。AI记住正确的知识后，就能更好地回答问题，并且还能根据这些知识推理出新的答案。

4. 人类纠正法的实际应用场景

场景一：科学知识纠正

AI误答："地球比太阳大！"

人类标记错误，并给出正确答案："太阳直径约140万千米，地球直径约1.27万千米，太阳比地球大很多倍。"

AI记住正确答案，下次不会再错。

场景二：数学计算纠正

AI误答：$15 \times 6=80$。

人类检查后，教它用加法验证：15+15+15+15+15+15=90。

AI 记住正确的计算方法，以后计算乘法时会自己检查答案是否正确。

场景三：历史事实纠正

AI 误答："秦始皇是唐朝的皇帝。"

人类纠正："秦始皇是秦朝的皇帝，而唐朝最有名的皇帝是唐太宗和武则天。"AI 记住正确的历史知识。

场景四：常识纠正

AI 误答："香蕉是从树上摘下来的。"

人类纠正："香蕉其实长在草本植物上，不是树。"

AI 记住这一点，下次不会再误导别人。

4. 人类纠正法的局限性

（1）AI 不能自己发现错误。它需要人类的帮助，才能知道自己错了。它不会像人类一样，自己检查答案。

（2）AI 学习速度受限。如果没有足够的人来批改 AI 的错误，它的学习速度会比较慢。

（3）AI 可能会学到错误信息。如果有人故意教 AI 错误的信息，比如"地球是方的"，AI 可能会把这个错误记住，导致以后回答都不正确。

为了解决这些问题，AI 需要结合其他慢思维的方法，比如"自我检查法""对抗训练法"等，让自己变得更聪明。

总结一下，"人类纠正法"就像老师用红笔批改作业，帮助 AI 发现错误，并且教它正确的思考方法，让它不断改进，变得越来越聪明。这种方法不仅能让 AI 记住正确答案，还能让它学会如何推理、如何验证、如何查找证据，让它的答案更可靠。

5.3.6 延迟回答法 —— 强行让 AI "发呆 3 秒"

1. 为什么 AI 要学会延迟回答法

AI 处理数据的速度非常快。很多时候，它会凭直觉回答，而不是经过深思熟虑。例如，你问 AI："2 月有 30 天吗？"AI 如果没有仔细检查，很可能直接回答"是"或者"可能有"，因为它看到"月"后，联想到 30 天，再加上一点误判，就可能出错，如果让 AI 停顿 3 秒再回答，它就会重新检查问题，再回忆 2 月最多只有 29 天，然后确定答案是"2 月没有 30 天"。

AI 不会主动检查答案。人类在考试时，老师会提醒考生："做完题后，记得检查一遍！"但 AI 通常不会这么做，它往往想到什么就直接说出来，如果让它慢下来，它就有时间检查答案是否正确。

AI 需要"模拟思考"。人类在思考问题时，会回忆以前学过的知识，并且大脑会进行不同方向的推理，AI 也需要这样的"思考时间"，让它更好地组织语言、分析问题，而不是随便找一个答案就说出来。

2. 延迟回答法的训练过程

第一步：AI 收到问题后，先停 3 秒，就像老师在课堂上说："回答问题前，先举手等 3 秒"，让 AI 也学会"不要急着回答"。

第二步：AI 进行内部检查，在这 3 秒里，AI 会做以下事情。

回忆相关知识——从数据库里找到最相关的信息。

分析问题的重点——分清楚哪些地方可能会让自己犯错。

检查答案是否合理——用不同的方法验证答案对不对。

第三步：AI 正式回答，AI 经过 3 秒的"思考"后才会说出答案，而不是随便猜一个。

- **案例 1：数学题**

问题："如果 1 本书卖 20 元，买 4 本一共多少钱？"

AI 如果没有深思，很可能立刻回答："60 元。"这是错误的，但如果让 AI 先"发呆"3 秒，它就会：先计算 20 乘以 4 等于 80，再检查有没有计算错误，发现正确答案是"80 元"，最后正式给出答案。

- **案例 2：常识题**

问题："北极有大象吗？"

AI 如果不假思索，可能会直接回答："有"或者"可能有"，但如果让它"发呆"3 秒，它就会先回忆大象的生活环境，主要在非洲和亚洲；再检查北极的动物名单，发现没有大象；最后，确定答案是"北极没有大象"。

3. 延迟回答法如何才能让 AI 变聪明

（1）减少错误。AI 经过短暂的停顿，可以检查答案是否正确，不会随口乱答。

（2）提高逻辑思考能力。AI 在回答前会进行更多分析，让答案更准确、更完整。

（3）让 AI 学会"像人类一样思考"。人类在回答复杂问题时，通常会多想几秒，AI 也应该这样做。

4. 延迟回答法的局限性

尽管"延迟回答法"可以让 AI 变得更聪明，但它也有一定的局限性。比如有些问题其实不需要思考太久，比如你问 AI："1 加 1 等于几？"这个问题太简单，根本不需要停 3 秒，如果让 AI 每次都等 3 秒，可能会影响使用体验。还有 AI 可能会"装作思考"，但其实没真正思考，有些 AI 可能只是"假装停顿"，但并没有真的去分析问题，这样就起不到真正的作用。

AI 的计算速度太快，且运行方式和人类不同，它并不是像人脑一样一步一步推理，而是直接计算出结果，所以让它"发呆"3 秒，可能并不能真正改变它的思考方式。

虽然这个方法有一些局限性，但如果和其他慢思维方法相结合，AI 就能变得越来越聪明，真正学会像人类一样先思考再回答。

5.3.7　思维链提示法 —— 用填空题引导思考

1. 为什么 AI 要学会用思维链提示法

学生在做语文题时，老师常常会让学生先填关联词，比如："因为____，所以____。"这样可以帮助学生厘清思路，找到正确的答案。同样，AI 在思考问题时，如果能先一步步填空，而不是根据关键词直接给出答案，AI 就能像人类一样进行更深入的推理。这种方法叫作思维链提示法，它可以帮助 AI 更好地进行慢思维，而不是凭直觉胡乱回答。

2. 思维链提示法的训练过程

第一步：让 AI 列出关键点。

当 AI 收到问题时，它不能立刻回答，而会先想一想：这个问题的答案可能需要哪些信息？

第二步：用填空题的方式组织思考。

AI 按照"因为 _____，所以 _____"的格式，把每一个推理过程拆开，让答案更有逻辑性。

第三步：检查逻辑是否合理。

AI 在得出最终答案前，要回头检查填空的内容，看有没有不合逻辑的地方。

下面举例说明 AI 如何用思维链提示法答题。

- 举例 1：科学问题

"为什么冬天比夏天冷？"

如果 AI 不思考，可能会直接回答："因为冬天太阳光少。"但如果 AI 用思维链提示法，它的回答会更完整：

因为地球是倾斜的，所以冬天时，我们所在的地方远离太阳光的直射。

因为太阳光是斜着照过来的，能量分散了，所以天气变冷了。

这样，AI 就不是简单地记住"冬天冷"这个事实，而是真正理解了原因。

- 举例 2：生活常识题

"为什么饭菜放久了会变坏？"

普通 AI 可能会直接说："因为有细菌。"但这个答案太简略了，如果用思维链提示法，它就会这样回答：

因为空气中有很多细菌，所以当饭菜暴露在空气中时，细菌就会附着在上面。

因为细菌会在食物上繁殖，并分解食物的成分，所以食物就会变质，产生难闻的味道，甚至有害。

这个过程让 AI 学会了详细推理，而不是简单给出一个模糊的答案。

3. 思维链提示法如何让 AI 变聪明

（1）让 AI 的答案更清楚：用填空的方式拆解问题，能让 AI 的回答更完整，不会答得太笼统。

（2）减少错误：AI 如果一步步填空，就不会太快下结论，从而避免错误。

（3）提高逻辑思维能力：AI 学会"先想因，再想果"，就能更像人类一样进行深入思考，而不是靠直觉猜测答案。

总结一下，思维链提示法就像做填空题，让 AI 在回答问题前用"因为____，所以____"的方式把推理过程拆开。这种方法可以帮助 AI 减少错误，提高逻辑思维能力，让它的答案更完整、更有条理。

虽然这个方法有一些局限性，但如果结合其他慢思维训练，AI 就能一步步变得更聪明，真正做到像人类一样深思熟虑后回答问题。

5.3.8　终极秘诀：组合拳

为了提高答案的准确性，最好的方式是让 AI 同时使用多种方法。

步骤 1：先暂停（延迟回答法）。

步骤 2：拆问题（分步答题法）。

步骤 3：查资料（调用工具法）。

步骤 4：自我检查（对抗训练法）。

这样，AI 就会像优秀的学生一样——遇到简单题会快速作答，遇到难题时会说："我需要拿出草稿纸算一算！"

第 6 讲

未来课堂：
当 AI 成为超级家教

在 AI 时代，学习就像一场冒险，每个孩子都有自己的节奏和方式。但传统课堂就像一条固定的跑道，所有人都必须以相同的速度前进，这让有些孩子觉得太快，有些孩子觉得太慢。而 AI 就像一个聪明的学习伙伴，它可以帮助每个孩子找到适合自己的学习方式。如果你不会做数学题，AI 会耐心讲解；如果你喜欢阅读，AI 会推荐好书；如果你想练习写作文，AI 还能帮你修改和提升。AI 就像一位智能老师，让学习变得轻松、有趣，让每个孩子都能成为最好的自己。这体现了一种前瞻性的教育理念，强调 AI 作为一种工具，应该成为学习的一部分。

然而现实中，许多学校采取了完全排斥的做法——禁止学生使用 AI。在全球范围内，部分教育机构出于对学术诚信和学习质量的担忧，禁止学生在学术活动中使用 AI 工具。

这也反映了教育机构在面对 AI 工具时的不同态度和措施——教育机构的主要关注点在于维护学术诚信和确保学生的独立思考能力。

在这种情况下，学生不用 AI，老师和家长担心他们会落后于时代；而用了 AI，老师和家长担心他们不思考，养成依赖 AI 的心理。因此，我们必须思考：在 AI 时代，学生到底应不应该用 AI？要怎么用？我们应该如何为未来做好准备？

6.1 教育拐点：从标准化工厂到 AI 创造力

全球教育体系的变革其实早在几年前就已悄然开始。

2020 年，芬兰取消中小学的分科教育，让学生以跨学科的方式学习。

2021 年，北美超过 1500 所高校取消了 SAT 和 ACT 考试要求，弱化了标准化考试的作用。

2023 年，大模型技术的突破彻底改变了知识获取方式，让传统的"应试教育"体系面临挑战。

教育的变化源于社会需求的变化。在过去的工业时代，学校的主要任务是培养"标准化人才"。但在智能时代，标准化的知识不再是核心竞争力、创造力、判断力、批判性思维和解决问题的能力才是最重要的。

传统教育和未来教育的特点对比如表 6-1 所示。

表 6-1 传统教育和未来教育的特点对比

传统教育	未来教育
以"学校和老师"为中心	以"家庭和学生"为中心
以"考试成绩"为导向	以"解决问题能力"为导向
学科单一，文理分科	强调跨学科通识教育
以标准化教材为主	使用 AI 助手进行个性化学习
关注"知识点记忆"	强调批判思维、创造力、决策能力
课堂内的理论学习	真实世界的项目实践

由此可见，标准化教育已无法适应未来，AI 的能力正在快速超越人类。例如，目前，AI 的答题准确率已经超过 85% 的人类，并且在未来几年内，它将超过 99% 的人类；AI 可以在几秒内总结书籍内容、撰写报告、编写代码，而人类完成同类任务却需要花费数小时甚至数天时间。

所以，我们需要思考一个关键问题：如果旧的教学模式已经过时，那么新的教学模式应该是什么样的？

6.2 学习新地图：AI 如何重构知识星球

全球的教育改革已经给出了答案，未来的教育模式将围绕以下几个核心理念展开。

1. 个性化教育：打造专属的"私人教师"

过去的学校是"统一标准"的，每个学生都学一样的东西、参加同样的考试。但在 AI 时代，每个人的学习路径可以高度个性化。

AI 可以成为每个学生的专属"私人教师"，根据他们的兴趣和能力制订个性化的学习计划。学生不再需要死记硬背大量的知识，而需要学会如何高效获取和使用知识。

2. 通识教育：跨学科思维

AI 时代的人才必须具备跨学科的能力，不能只局限于单一学科。例如，一个 AI 工程师不仅要懂编程，还要懂伦理学、心理学、设计思维；一个生物学家不仅要懂生物，还要了解计算机科学、人工智能、数据分析。

这就需要从小重视学生的跨学科通识教育，让学生能够在不同学科之间建立联系。

3. 实践教育：与真实世界接轨

未来的教学形式不再是单纯在课堂上传授知识，而是让学生在真实的环境中解决问题。让学生组队参与科技项目。例如，研究新能源、探索人工智能；走进真实的行业，了解生物实验室如何做实验，汽车公司如何设计电动车，AI 实验室如何训练模型。

通过实践，学生不仅能够学到知识，还能培养解决现实问题的能力。

6.3　教育变形记：从填鸭式到"智能共生体"

如果说过去几十年的教育创新成本太高、难以大规模推广，那么 AI 的崛起正在改变这一切。

（1）AI 可以作为个性化学习助手，帮助每个学生制订独特的学习计划。

（2）AI 可以提供智能辅导，帮助学生解答问题，提供即时反馈。

（3）AI 可以辅助教师的工作，使教师减少批改作业、备课的时间，让教师有更多精力关注学生的创造力培养。

（4）AI可以降低教育成本，让全球更多地区的孩子获得高质量的学习资源。

AI不仅可以改变教育方式，更能让未来教育的核心理念以更低成本实现，推动全球更多学校和国家尝试新的教育模式。

6.4 争议焦点：AI助教是帮手还是"作弊器"

许多学校之所以禁止AI，主要出于以下几个方面的原因。

1. 学术诚信问题

学校担心AI会助长抄袭、作弊、代写论文等不端行为，导致学生无法真正掌握知识。例如，ChatGPT可以轻松生成论文、代码或解答数学题，使得传统的作业和考试评价体系受到挑战。

一些学校已经在考试和作业中引入AI检测工具（如Turnitin AI Detector），以防止学生滥用AI。

2. 削弱学习能力

依赖AI可能会降低学生的批判性思维和独立解决问题的能力。比如，如果学生只把AI作为"答案生成器"，而不去深度思考问题，那么他们的思维能力可能会受到削弱。尤其是在数学、写作、编程等领域，过度依赖AI可能导致基础能力下降，影响未来的学习发展。

3. AI生成内容的准确性

AI并不总是正确的，甚至会产生"幻觉"——提供错误或误导性的信息。如果学生不会判断AI生成内容的可靠性，就可能学习到错误的知识。例如，在历史、科学等学科中，AI可能会提供看似合理但实际上不准确的信息，这对教育的严谨性构成挑战。

6.5 AI 必修课：数字原住民的生存法则

与其禁止 AI，不如培养学生正确使用 AI 的能力。这种观点的核心逻辑如下。

1. AI 是未来不可避免的趋势

AI 发展迅猛，已经深刻影响了各个行业，从编程、金融、医疗到新闻写作，AI 的应用无处不在。因此，未来社会最有竞争力的人，是那些能有效利用 AI 工具的人。

正如计算器刚发明出来的时候曾经被数学老师抵制，但后来成为标准工具一样，AI 在未来也可能成为所有行业的标配。

2. 提高效率，培养创新能力

AI 可以帮助学生更快地查找信息、整理思路，提高学习效率。例如，学生可以使用 AI 理解复杂概念、生成学习摘要，甚至可以将其作为写作助手提高文章质量。

关键在于如何用 AI，而不是是否用 AI。最优秀的学生不是那些完全拒绝 AI 的人，而是那些懂得如何在 AI 的辅助下进行深度思考、创新和创造的人。

3. 教育的核心应该是"人机协作"

李飞飞教授强调"人机协作"（human-AI collaboration）的重要性。未来的工作模式很可能是人与 AI 共同完成任务，而不是单独依赖其中一方。因此，教育应该让学生学会如何与 AI 协作，而不是简单地禁止它。

例如，在医学领域，AI 可以帮助医生分析医学影像，但最终的诊断和决策仍然需要医生的判断。这种"AI+人"的模式，正是未来教育需要培养的能力。

6.6 教育进化论：AI 融合的正确打开方式

如果 AI 的使用不可避免，那么学校该如何正确引导学生使用 AI，而不是简单地禁止呢？以下是几种可能的策略。

1. 将 AI 作为学习工具，而非作弊工具

学校可以明确规定 AI 的合理使用范围，例如，允许学生用 AI 进行学习辅导，但不能直接用于考试或论文写作。

教师可以教授"如何用 AI 高效学习"，比如用 DeepSeek 生成不同角度的观点，用 AI 进行论文初稿的润色，等等。

2. 培养批判性思维和 AI 素养

学生需要学习如何评估 AI 生成内容的真实性，而不是盲目接受 AI 的答案。例如，可以让学生练习分析 AI 生成文本中的逻辑漏洞、错误信息等。

这类似于信息时代的"媒体素养"，人们需要学会辨别真假新闻，同样也需要学会辨别 AI 生成的内容是否可靠。

3. 调整考试和作业模式

传统的"记忆型考试"在 AI 时代可能不再适用，教育需要更多依靠"实践型学习"和"项目式学习"。

例如，让学生进行开放性项目研究，要求他们解释 AI 的思考过程，而不是直接给出 AI 生成的答案。

4. 鼓励创造性使用 AI

AI 不只是一个答案生成器，也可以是一个创新工具。例如，学生可以用 AI 进行代码优化、音乐创作、艺术设计等，培养创造力。

在一些前沿大学，比如美国麻省理工学院、斯坦福大学等，已经在教授学生 AI 在科学研究、创业等方面的高阶应用。

第 6 讲　未来课堂：当 AI 成为超级家教

6.7　家长指南：和孩子一起驾驭 AI 浪潮

AI 作为一种新工具，的确使家长陷入两难境地：不用，怕孩子在未来失去竞争力；用，又担心孩子变得懒惰、不会独立思考。这种"度"需要家长的正确引导，以确保孩子既能利用 AI 提高效率，又能保持独立思考能力。

1. 了解孩子如何使用 AI

家长首先需要了解孩子使用 AI 的方式，而不是简单地禁止。例如，孩子是用 AI 辅助学习（比如查资料、解释概念），还是完全依赖 AI（比如直接让 AI 写作业）？AI 是帮助了孩子加深理解，还是让他们逃避思考？孩子是否知道 AI 的局限性和错误的可能性？

家长可以主动问孩子："你今天用 AI 帮你解决了什么问题？""AI 给你的答案都对吗？你自己检查过吗？""如果没有 AI，你会怎么做这道题？"这些问题可以帮助孩子形成"用 AI，但不过度依赖"的思维模式。

2. 设定 AI 使用规则

家长可以制定一套合理的规则，让 AI 成为孩子的学习助手，而不是替代者。

允许 AI 帮助的情况包括：

（1）查找资料，获取信息。

（2）解释复杂概念，帮助理解。

（3）作为写作或思考的灵感来源。

（4）代码调试、语法检查（比如 Grammarly）。

禁止 AI 代劳的情况包括：

（1）直接抄 AI 生成的作业答案。

（2）用AI代写论文、作文，而不加修改或理解。

（3）用AI生成数学答案而不检查过程。

（4）让AI代替自己思考难题。

可以制定"AI使用契约"。

（1）可以用AI查找信息，但必须自己总结。

（2）可以用AI辅助写作，但每篇文章都要自己修改。

（3）数学题不能直接抄AI答案，而是要自己演算后对比。

这样可以确保AI是学习的加速器，而不是思维的替代品。

3. 引导孩子进行"二次加工"

让AI参与学习并不意味着它可以直接给出答案，而是应该让它成为"辅助思考"的工具，具体方法如下。

1）要求孩子解释AI生成的答案

孩子可以用AI生成答案，但必须能用自己的话解释为什么这样。比如，AI帮忙写了一篇作文，家长可以问孩子："你觉得AI这篇作文哪里写得好，哪里需要改？""如果你不用AI，你会怎么写？"这样能帮助孩子主动思考，而不是盲目接受AI生成的内容。

2）让孩子修改AI生成的内容

如果孩子用AI生成作文，可以要求他们重新整理结构，用自己的语言修改，添加个人观点和例子，找出AI可能的错误或表达不自然的地方。比如，"AI写的这个段落有点儿空洞，你能补充一些具体的例子吗？"这样，AI就成了孩子的写作"助手"，而不是"代笔"。

3）让AI生成错误答案，孩子来修正

让AI故意犯错误，让孩子找出错误并修正。例如，"请AI生成一篇含有逻辑错误的文章，让孩子来修改。""请AI给出错解，让孩子分析哪里错了。"

这种方式可以锻炼孩子的批判性思维,避免盲目信任 AI。

4. 培养孩子的独立思考能力

要让孩子在 AI 时代保持竞争力,关键在于使他们能够独立思考,有批判性思维和创造力。家长可以从以下几方面进行培养。

1)鼓励孩子提问,而不是只接受答案。

让孩子习惯使用 AI 后问自己:"为什么是这样?"让孩子挑战 AI,比如提问:"AI 说的是对的吗?有没有不同的观点?"

2)用 AI 进行思维训练

家长可以让 AI 充当"辩论对手"或"批判性思维教练":让 AI 提供不同角度的观点,孩子评估优缺点;让 AI 生成反方观点,孩子进行辩驳;让 AI 提问,孩子回答。

3)引导孩子创造,而不是仅仅消费 AI 生成的内容

让孩子用 AI 生成故事大纲,然后自己填充细节;让孩子用 AI 辅助写代码,但自己优化算法;让孩子用 AI 帮助画画,但自己调整创意;这些方式可以让 AI 成为创作的工具,而不是替代者。

5. 家长的角色:教练而不是警察

家长的角色不是"AI 警察"(只是一味禁止使用 AI),而是"AI 教练"(教孩子如何正确使用 AI)。

家长可以这样做:

(1)与孩子一起探索 AI,看看它能做什么、不能做什么。

(2)让孩子在使用 AI 后总结收获,而不仅仅是得到答案。

(3)帮助孩子理解 AI 的局限性,知道 AI 不是万能的。

家长要避免这样做:

（1）一看到孩子用 AI，就立即阻止。

（2）让孩子完全依赖 AI，而不要求他们思考。

（3）只关注孩子是否在使用 AI "作弊"，而不关注它的学习价值。

家长可以说："AI 是一个很强大的工具，但它不能代替你的思考。我们可以一起探索如何用它来学习，而不是依赖它完成作业。"

6. 让 AI 成为孩子的"学习助力"，而不是"思维拐杖"

（1）不要完全禁止 AI，因为它是未来不可或缺的工具。

（2）不要让 AI 变成孩子的"大脑"，而要让它成为学习的"助手"。

（3）通过设定规则、引导思考、培养创造力，确保孩子正确使用 AI 但不依赖 AI。

最好的方式不是让 AI 完全代替孩子思考，而是让孩子用 AI 思考得更深、更快、更好。未来最强的人，不是完全不用 AI 的人，而是最懂得合理而充分使用 AI 的人。

6.8 拥抱变化：在 AI 时代重新定义优秀

面对 AI 的崛起，我们不能把自己培养成"知识的搬运工"，而是要成为拥有创造力、判断力、跨学科思维的"主人"。

（1）培养独立思考能力：不要盲目接受信息，要学会分析、质疑，形成自己的判断。

（2）掌握跨学科知识：不要只学一门技能，要让自己拥有更广阔的知识体系。

（3）加强实践和探索：走出课堂，去真实的世界里解决问题。

（4）善用 AI 作为工具：与其害怕 AI，不如学会如何利用 AI 提高自己的学习和工作效率。教育的未来属于那些主动拥抱变化的人。

2025 年，被认为是全球教育体系转型的关键之年，AI 技术的突破让未来教育不再只是"理论上的可能"，而是变成了现实。

在未来十年，教育将经历一场深刻的变革，AI 不再是挑战，而是助力我们成长的伙伴。只有拥抱变化、善用 AI、培养思维能力和创造力，才能在智能时代活得如鱼得水。

所以，在 AI 时代，我们需要问自己的不是："我该如何记住更多知识？"而是——"我如何更快、更高效地学习，并创造属于自己的价值？"

如何利用 AI 学好语文、数学、英语等科目？本讲附送相关学习方法与思路，扫码即可阅读。

第 1 讲

变身 AI 创客：
你的首个数字作品

在人类文明的长河中，艺术创作曾被视为天赋与技艺的专属领地，而 AI 的爆发式发展正将艺术创作的权杖交到每个普通人手中。本讲通过对绘画与音乐两大领域的技术解剖，呈现普通人如何通过 AI 工具将思想涟漪转化为可触可感的艺术作品。

第 7 讲　变身 AI 创客：你的首个数字作品

7.1　5 分钟 AI 绘画速成：从涂鸦到赛博画廊

在绘画领域，AI 已突破传统技艺壁垒：专业画师可通过智能系统实现创作效能倍增，零基础用户仅需输入文字指令便能"召唤"光影精致的图像。那么，如何使用 AI 生成图片？有哪些关键步骤呢？

7.1.1　AI 生成图片的基本原理

AI 绘画通常依赖于深度学习模型，这些模型经过大量的图片训练，能够根据用户输入的提示词生成相应的图像。当前流行的 AI 绘画技术包括以下几种。

扩散模型（diffusion models）：如 Stable Diffusion、DALL·E 等，通过去噪的方式逐步生成清晰图像。

生成对抗网络（GAN）：如 StyleGAN，擅长生成逼真的人物肖像。

神经风格迁移（neural style transfer）：将某种艺术风格应用到普通图片上，如将照片变成油画风格。

7.1.2　选择 AI 绘画工具

目前有很多优秀的 AI 绘画工具，可满足不同的需求，具体如表 7-1 所示。

表 7-1 不同的 AI 绘画工具

工具	特点	适用场景
DALL·E	由 OpenAI 开发,支持复杂场景,艺术创作能力强	创意插画、科幻风格、概念艺术
Stable Diffusion	开源,允许本地运行,可控性强	高质量写实图像,个性化调整
Midjourney	细节丰富,艺术表现力强	奇幻风格、插画、角色设计
Runway ML	支持视频、动画生成	视频创意、动态影像
Deep Dream Generator	具有梦幻般的艺术风格	艺术创作、抽象艺术

如果你是新手,可以从 DALL·E 或 Midjourney 入门,它们的界面简单易用。如果你想深度定制,可以尝试 Stable Diffusion。

7.1.3 AI 绘画的基本操作流程

AI 绘画主要包含以下基本流程。

1. 确定图片需求

在使用 AI 生成图片前,先思考以下几个问题。

(1)你想画什么?(人物、风景、建筑、科幻场景等)

(2)你喜欢什么风格?(写实、二次元、赛博朋克、油画风格等)

(3)你希望图片如何构图?(特写、全身、场景化等)

2. 编写提示词

提示词是 AI 绘画的"指令",写得好,生成的图片质量就高。一个好的提示词通常包含以下 5 个元素。

(1)主体:要画什么?

(2)风格:写实、梦幻、赛博朋克、水彩画等。

第 7 讲 变身 AI 创客：你的首个数字作品

（3）光影：阳光明媚、柔光、霓虹灯等。

（4）背景：森林、城市、海洋、星空等。

（5）构图：特写、俯视、广角等。

- **案例 1**：简单提示词

"一幅美丽的海上日落图，色彩鲜艳，数字绘画风格。"

图 7-1 是 AI 生成的效果。

图 7-1

扫码看
高清原图

- **案例 2**：高级提示词（更详细）

"一座未来感十足的赛博朋克都市夜景，霓虹灯光映照在湿润的街道上，细节丰富，超写实风格，电影级光影效果，4K 画质。"

解析：

（1）使用形容词增加细节，如 majestic（壮丽的）、elegant（优雅的）、intricate（复杂的）。

（2）使用艺术风格关键词，如 watercolor（水彩）、oil painting（油画）、anime style（动漫风格）。

141

（3）使用摄影术语增强画面感，如 bokeh effect（背景虚化）、cinematic lighting（电影级光影）。

图 7-2 是 AI 生成的效果。

图 7-2

扫码看
高清原图

3. 选择 AI 工具并输入提示词

不同工具的使用方式略有不同，但基本流程类似，具体如下。

（1）打开 AI 绘画平台（如 DALL·E、Midjourney、Stable Diffusion 等）。

（2）输入提示词。

（3）调整参数，如分辨率、风格、种子值等，均是可选项。

（4）单击"生成"按钮，等待 AI 绘制图片。

（5）查看生成结果，如果不满意，可以修改提示词，重新生成。

7.1.4　进阶技巧——如何优化 AI 绘画

1. 细化提示词，提高画面质量

如果生成的图片不够理想，可以通过增加细节优化提示词，举例如下。

第 7 讲　变身 AI 创客：你的首个数字作品

普通提示词："一座漂浮在云端的梦幻城堡。"

生成的效果如图 7-3 所示。

图 7-3

优化提示词："一座有金色塔楼的梦幻城堡，飘浮在云端，周围环绕着神秘的魔法光辉和迷雾，细节丰富。"

生成的效果如图 7-4 所示。

图 7-4

2. 调整 Seed（种子值）

AI 绘画有时会生成不稳定的结果，而使用 Seed 可以固定生成结果，确保每次的风格一致。

3. 利用负面提示词

如果 AI 总是生成一些不需要的元素，比如脸部变形、色彩过亮等，可以使用负面提示词排除这些问题，如不要模糊、不要扭曲、不要变形、去除多余肢体。

4. 调整模型与参数（仅限高级用户）

如果使用 Stable Diffusion，可以尝试不同的模型，如 SDXL、DreamBooth，并调整步数（Steps）、控制权重（CFG Scale），以优化效果。

7.1.5 AI 绘画的常见问题与解决方案

AI 绘画的常见问题与解决方案如表 7-2 所示。

表 7-2 AI 绘画的常见问题与解决方案

问题	可能原因	解决方案
画面不够清晰	生成分辨率太低	提高分辨率，如 1024 像素 × 1024 像素，或更高分辨率
AI 理解错误	提示词描述不够清晰	添加更多细节，使用明确的关键词
人物手部或脸部畸形	AI 训练不足	使用 inpainting 功能进行手动修复
颜色过饱或不符合预期	AI 默认风格问题	添加色彩描述，如 muted colors 或 pastel tones

7.1.6 未来发展：AI 绘画的无限可能

AI 绘画正在影响多个行业的发展。

艺术与设计：艺术家利用 AI 产生灵感，生成概念艺术。

游戏与影视：可用 AI 快速生成游戏角色设计、电影概念图。

广告与营销：品牌方可以用 AI 快速生成海报、产品宣传图。

个性化创作：普通用户可以用 AI 创作专属壁纸、头像。

未来，随着 3D 绘画 AI 和视频 AI 生成技术的成熟，我们甚至可以通过简单的文字描述，让 AI 直接生成完整的动画和虚拟世界。

AI 绘画降低了创作门槛，让没有绘画基础的人也能创作精美的作品。只要掌握提示词技巧，合理使用 AI 工具，每个人都可以成为数字艺术家。

7.2 原创音乐 DIY：用 DeepSeek+Suno 玩转 AI 编曲

让我们把视线转向音乐创作领域，DeepSeek 与 Suno AI 的协同进化开创了多维艺术融合范式：这一创新系统既能将散文诗句转化为情感丰沛的歌词文本，又能同步生成契合意境的旋律，使"从灵感到成曲"的创作周期压缩至分钟级。无论是专业音乐人寻找灵感，还是普通用户想要定制专属歌曲，DeepSeek+Suno AI 都能提供强大的支持，让 AI 驱动的音乐创作迈入全新阶段。

7.2.1 工具准备

1. DeepSeek

访问 DeepSeek 的官方网站或腾讯元宝，用于生成歌词、歌曲风格描述、情感关键词等核心内容。

扫码看
歌曲创作
教学视频

2. Suno AI

访问 Suno 官网，注册账号，建议选择 V3 模型以获得最佳音乐生成效果。

7.2.2　核心步骤分解

1. 构思歌曲主题

1）用 DeepSeek 生成创意

输入提示词：“请生成 5 个适合流行歌曲创作的创意主题，要求包含情感关键词（如怀旧、热血、遗憾）和场景意象（如青春篮球、夏日海滩）”，如图 7-5 所示。

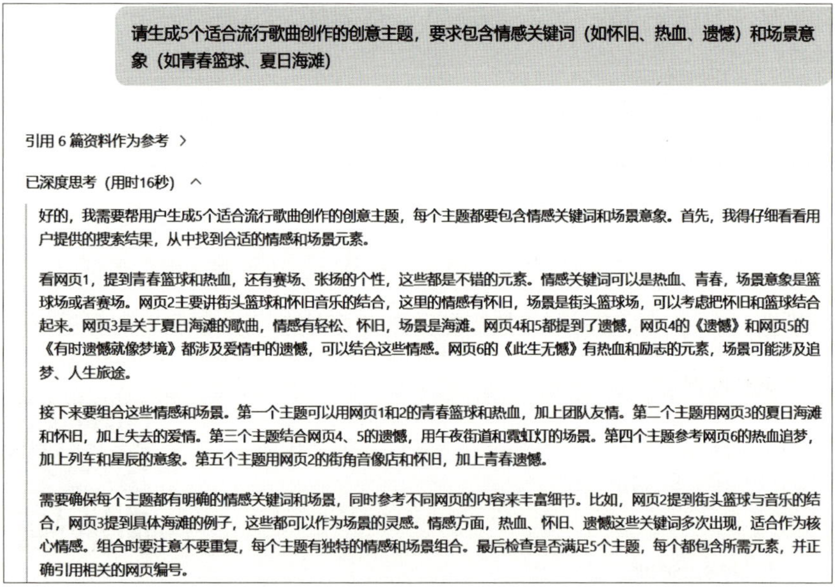

请生成5个适合流行歌曲创作的创意主题，要求包含情感关键词（如怀旧、热血、遗憾）和场景意象（如青春篮球、夏日海滩）

引用 6 篇资料作为参考 ＞

已深度思考（用时16秒）＾

好的，我需要帮用户生成5个适合流行歌曲创作的创意主题，每个主题都要包含情感关键词和场景意象。首先，我得仔细看看用户提供的搜索结果，从中找到合适的情感和场景元素。

看网页1，提到青春篮球和热血，还有赛场、张扬的个性，这些都是不错的元素。情感关键词可以是热血、青春，场景意象是篮球场或者赛场。网页2主要讲街头篮球和怀旧音乐的结合，这里的情感有怀旧，场景是街头篮球场，可以考虑把怀旧和篮球结合起来。网页3是关于夏日海滩的歌曲，情感有轻松、怀旧，场景是海滩。网页4和5都提到了遗憾，网页4的《遗憾》和网页5的《有时遗憾就像梦境》都涉及爱情中的遗憾，可以结合这些情感。网页6的《此生无憾》有热血和励志的元素，场景可能涉及追梦、人生旅途。

接下来要组合这些情感和场景。第一个主题可以用网页1和2的青春篮球和热血，加上团队友情。第二个主题用网页3的夏日海滩和怀旧，加上失去的爱情。第三个主题结合网页4、5的遗憾，用午夜街道和霓虹灯的场景。第四个主题参考网页6的热血追梦，加上列车和星辰的意象。第五个主题用网页2的街角音像店和怀旧，加上青春遗憾。

需要确保每个主题都有明确的情感关键词和场景，同时参考不同网页的内容来丰富细节。比如，网页2提到街头篮球与音乐的结合，网页3提到具体海滩的例子，这些都可以作为场景的灵感。情感方面，热血、怀旧、遗憾这些关键词多次出现，适合作为核心情感。组合时要注意不要重复，每个主题有独特的情感和场景组合。最后检查是否满足5个主题，每个都包含所需元素，并正确引用相关的网页编号。

图 7–5

创意举例输出结果如图 7-6 所示。

第 7 讲　变身 AI 创客：你的首个数字作品

> **1. 《逆风三分雨》——【热血×青春篮球×团队羁绊】**
> **情感关键词**：热血、拼搏、成长
> **场景意象**：暴雨中的露天篮球场、磨破的球鞋、计时器倒数的蜂鸣声
> **灵感拓展**：以篮球赛为叙事主线，描绘少年们在泥泞场上跌倒又爬起的瞬间。歌词可融入"汗水浸透的球衣是青春的勋章""最后一投定格成永恒的光"等意象，呼应赛场上的胜负与友情的升华 ① ② 。
>
> **2. 《潮汐来信》——【遗憾×夏日海滩×未寄出的情书】**
> **情感关键词**：遗憾、怅惘、未完成的爱
> **场景意象**：褪色的贝壳项链、被海浪卷走的字迹、落日余晖下的空荡长椅
> **灵感拓展**：通过夏日海滩的浪漫场景反衬错失的告白，如"沙漏里的时光偷走你的名字""潮汐带走誓言，只留下咸涩的呼吸"。可加入环境音效如浪花声、海鸥鸣叫，增强画面沉浸感 ③ ⑤ 。
>
> **3. 《霓虹碎片》——【孤独×城市夜晚×破碎的承诺】**
> **情感关键词**：孤独、迷失、自我救赎
> **场景意象**：便利店玻璃窗的倒影、地铁末班车的空座位、雨夜霓虹灯的折射
> **灵感拓展**：以现代都市为背景，刻画个体在繁华中的疏离感。歌词可设计"路灯拉长影子，像未愈合的伤口""在数据洪流里打捞丢失的真心"等隐喻，结合电子音效与抒情旋律，营造科技感与情感张力的碰撞 ④ ⑤ 。
>
> **4. 《破晓列车》——【热血×追梦旅途×星辰启程】**
> **情感关键词**：无畏、坚持、蜕变
> **场景意象**：穿越隧道的绿皮火车、背包里的旧地图、黎明时分的荒野站台
> **灵感拓展**：以旅途象征人生征程，突出"即使颠簸也要驶向未知"的信念。副歌可强化"碾碎黑暗的铁轨是心跳的鼓点""星辰是永不熄灭的票根"等意象，搭配激昂的鼓点与弦乐烘托史诗感 ⑥ 。
>
> **5. 《街角唱片行》——【怀旧×青春记忆×时光胶囊】**
> **情感关键词**：怀念、释然、时光沉淀
> **场景意象**：蒙尘的黑胶唱片、手写歌词的便签纸、老式收音机的杂音
>
> **5. 《街角唱片行》——【怀旧×青春记忆×时光胶囊】**
> **情感关键词**：怀念、释然、时光沉淀
> **场景意象**：蒙尘的黑胶唱片、手写歌词的便签纸、老式收音机的杂音
> **灵感拓展**：通过唱片行的场景串联不同年代的青春故事，如"磁带里的告白在电流中复活""橱窗倒映着少年与白发的对望"。可采样复古旋律片段，融合现代编曲，形成时空交错的听感 ② ③ ④ 。
>
> ---
>
> **创作提示**：
> - 情感与场景的"反差设计"能增强张力（如热血篮球赛与暴雨的对抗、夏日海滩与遗憾的对比）。
> - 结合具体意象（如"贝壳""霓虹""列车"）构建画面感，避免抽象抒情。
> - 参考多维度灵感源，如网页中提到的"音乐与街篮文化共生" ② "老歌触发集体记忆" ④ 等社会现象，赋予歌曲更深层次共鸣。

图 7-6

2）选择方向并深化

将选定主题输入 DeepSeek，获取扩展，如图 7-7 所示。

输入提示词："请为'逆风三分雨'主题扩展三段式叙事结构，包含

147

虚拟场景转换与有感情冲突的剧情发展。"

《逆风三分雨》三段式叙事结构扩展

核心冲突：团队信任危机 Vs 逆境中的自我突破与和解

第一段：暴雨赛场·信念动摇（主歌+预副歌）

虚拟场景：暴雨倾泻的露天篮球场，比分落后15分，主角（得分后卫）因传球失误被队友怒吼。
情感张力：

- **画面细节**：
  - 泥泞中滑倒的膝盖擦伤渗血，球衣紧贴皮肤的冰冷感
  - 观众席上父亲失望离场的背影（与童年练球的闪回画面冲突）
- **歌词焦点**：
  "暴雨灌进呼吸缝隙，分不清汗水或泪滴"
  "你怒吼的回声，比雷声更锋利"
  结构作用：建立物理环境（暴雨）与心理环境（挫败感）的双重压迫，埋下"信任重建"伏笔。

第二段：更衣室对峙·真相揭露（过渡段+桥段）

虚拟场景转换：中场休息的破旧更衣室，灯光忽明忽暗，主角发现队长隐藏的伤病诊断书。
情感冲突升级：

- **关键道具**：
  - 队长柜子里皱折的诊断书（"韧带撕裂"字样）
  - 主角手机里未发送的道歉短信草稿
- **对话切片**：
  "你说要带我们冲出这座小城，却把自己当作燃料烧尽？"
  "那些该死的骄傲，让我们都变成哑巴"
  结构作用：通过"伤病"揭示队长硬撑的真相，将团队矛盾转化为共同伤痛，为终极反击蓄力。

第三段：逆风绝杀·羁绊燃烧（副歌高潮+尾声）

场景转换：比赛最后30秒，暴雨骤停，夕阳穿透云层照亮球场。
情感爆发点：

- **动作设计**：
  - 主角故意吸引双人包夹，用童年"背后绕传"手势示意队长空切
  - 带伤队长跃起扣篮时撕裂球衣，露出贴满肌内效贴布的肩膀
- **象征意象**：
  "磨破的鞋底终于抓住地心引力"
  "计时器归零时，我们接住了十七岁的自己"
  结构作用：用"传球-接球"动作隐喻信任重建，暴雨转晴暗示情感净化，伤病细节强化悲壮热血感。

叙事技巧提示

1. **场景符号化**：暴雨（外部困境）、球鞋（坚持）、诊断书（牺牲）作为贯穿道具，增强剧情黏性。
2. **情感对比**：冰冷雨水Vs灼热伤口、怒吼冲突Vs沉默诊断书、黑暗更衣室Vs夕阳球场，制造戏剧张力。
3. **词曲联动**：
   - 主歌用急促鼓点模拟心跳声，副歌加入和声呐喊"冲啊"增强燃感；
   - 尾声用钢琴独奏重复主旋律，呼应"十七岁的自己"达成情感闭环。

图 7-7

2. 生成歌词提示词

1）基础提示词生成

输入模板：

``` 提示词

作为专业作词人，请为 [ 主题名称 ] 创作符合以下要求的歌词。

语言：简体中文

结构：主歌 2 段 + 预副歌 + 副歌 ×3

押韵模式：AABB

核心意象：[ 输入选定意象 ]

情感递进：从平静回忆到情绪爆发

```

具体如图 7-8 所示。

```
``` 提示词
作为专业作词人，请为《逆风三分雨》创作符合以下要求的歌词。
语言：简体中文
结构：主歌 2 段+预副歌+副歌×3
押韵模式：AABB
核心意象：

核心冲突：团队信任危机 Vs 逆境中的自我突破与和解
    第一段：暴雨赛场·信念动摇（主歌+预副歌）
    虚拟场景：暴雨倾泻的露天篮球场，比分落后 15 分，主角（得分后卫）因传
球失误被队友怒吼。
情感张力：
    画面细节：
    泥泞中滑倒的膝盖擦伤渗血，球衣紧贴皮肤的冰冷感
    观众席上父亲失望离场的背影（与童年练球的闪回画面冲突）
        歌词焦点：
    "暴雨灌进呼吸缝隙，分不清汗水或泪滴"
    "你怒吼的回声，比雷声更锋利"
```

图 7-8
```

> 结构作用：建立物理环境（暴雨）与心理环境（挫败感）的双重压迫，埋下"信任重建"伏笔。
> 　　第二段：更衣室对峙·真相揭露（过渡段+桥段）
> 　　虚拟场景转换：中场休息的破旧更衣室，灯光忽明忽暗，主角发现队长隐藏的伤病诊断书。
> 情感冲突升级：
> 　　关键道具：
> 　　队长柜里皱折的诊断书（"韧带撕裂"字样）
> 　　主角手机里未发送的道歉短信草稿
> 　　对话切片：
> "你说要带我们冲出这座小城，却把自己当作燃料烧尽？"
> "那些该死的骄傲，让我们都变成哑巴。"
> 结构作用：通过"伤病"揭示队长硬撑的真相，将团队矛盾转化为共同伤痛，为终极反击蓄力。
> 　　第三段：逆风绝杀·羁绊燃烧（副歌高潮+尾声）
> 　　场景转换：比赛最后 30 秒，暴雨骤停，夕阳穿透云层照亮球场。
> 情感爆发点：
> 　　动作设计：
> 　　主角故意吸引双人包夹，用童年"背后绕传"手势示意队长空切
> 　　带伤队长跃起扣篮时撕裂球衣，露出贴满肌内效贴布的肩膀
> 　　象征意象：
> "磨破的鞋底终于抓住地心引力"
> "计时器归零时，我们接住了十七岁的自己"
> 结构作用：用"传球-接球"动作隐喻信任重建，暴雨转晴暗示情感净化，伤病细节强化悲壮热血感。
>
> - 情感递进：从平静回忆→情绪爆发
> ```

图 7-8（续）

框中部分为之前生成的内容粘贴。

2）生成歌词

输入提示词后，DeepSeek 生成的歌词如图 7-9 所示。

第 7 讲 变身 AI 创客：你的首个数字作品

> **《逆风三分雨》歌词**
>
> **押韵模式**：AABB | **核心意象**：暴雨/球鞋/诊断书/夕阳
>
> ### 主歌1
>
> 暴雨撞碎篮筐的回音，泥泞爬上膝盖的淤青
> 球衣在风里冻成铁甲，却挡不住你眼里的冰
> 观众席背影撕开记忆，童年掌声变叹息
> （注：AABB押韵，"音""青""甲/冰""忆/息"）
>
> ### 主歌2
>
> 更衣室的灯嘶哑闪烁，诊断书在锈柜里皱缩
> 你藏起颤抖的手腕，却藏不住药水刺鼻的涩
> 手机屏幕亮起又熄灭，道歉梗在喉间烧成雪
> （注：道具细节押韵"烁/缩""腕/涩""灭/雪"）
>
> ### 预副歌
>
> 你说要带我们逃离这小镇，像流星挣脱地心
> 为何自己先碎成火屑，照亮我掌心的淤青
> （注：情感冲突升级，押韵"镇/心""屑/青"）
>
> ### 副歌×3
>
> 逆着风，赌上最后三分雨
> 用疼痛丈量青春的半径
> 你撕裂肩膀举起月亮，我穿过人墙点燃晨星
> 计时器葬在十七岁，而传说永远年轻
> （注：高潮押韵"雨/径""亮/星""岁/轻"，动作与象征双关）
>
> ### 桥段（情绪爆发）
>
> 背后绕传的手势是暗号，像十年前街角破旧篮框
> 你跃起时球衣绽开裂缝，肌效贴是成年礼的勋章
> （注：闪回与现实交织，押韵"号/框""缝/章"）
>
> ### 尾声
>
> 暴雨洗净的夕阳里，我们和影子击掌
> 父亲站在离场的位置，捡回那年的鼓掌
> （注：情感闭环，押韵"阳/掌""置/掌"，首尾呼应）
>
> **歌词设计解析**
>
> 1. 意象锚点：

图 7-9

> - "暴雨"贯穿主歌与副歌，从压抑转向净化；
> - "诊断书"与"肌效贴"形成牺牲精神的视觉闭环；
> - "十七岁"与"影子击掌"强化时光交错感。
>
> 2. **冲突外化：**
> - 物理对抗：暴雨/人墙/疼痛 Vs 精神对抗：骄傲/歉意/信任；
> - 用"流星挣脱地心""点燃晨星"隐喻小城少年的突围渴望。
>
> 3. **声韵技巧：**
> - 爆破音密集（撞/碎/冻/挡）制造紧张感；
> - 副歌改用长元音（雨/径/亮/星）增强咏叹调性；
> - "勋章"与"鼓掌"用ang韵收尾，达成热血与治愈的平衡。

图 7-9（续）

可以看出，DeepSeek 已经拥有了相应的韵脚设计等专业编词能力。

3. 构建 Suno 生成指令

1）音乐风格提示词生成

使用 DeepSeek 生成风格描述，200 字以内（Suno 中提示词字数限制为 200 字）：

"请用专业术语描述适合'都市抒情流行'风格的音乐特征，200 字以内，包括：

- 节奏型（如：shuffle beat）

- 乐器配置

- 和声进行建议

- BPM 范围"

具体如图 7-10 所示。

输出内容如图 7-11 所示。

第 7 讲 变身 AI 创客：你的首个数字作品

> "请用专业术语描述适合'都市抒情流行'风格的音乐特征，所有文字一定要在200字以内，包括：
> - 节奏型（如：shuffle beat）
> - 乐器配置
> - 和声进行建议
> - BPM范围"

引用 15 篇资料作为参考 >

已深度思考（用时17秒） ∧

好的，我现在需要帮用户解答关于"都市抒情流行"风格的音乐特征的问题。用户要求用专业术语描述，包括节奏型、乐器配置、和声进行建议和BPM范围，并且控制在200字以内。首先，我要先理解用户的需求，确保覆盖所有提到的要点，同时引用提供的搜索结果中的信息。

首先看用户提供的搜索结果，比如网页1提到CityPop融合了Disco、Funk、Jazz，网页13提到了流行和声的常用走向如4536、6451等，网页14指出抒情流行常用BPM 65-75，还有网页6讨论了节奏型和弦进行。这些信息都是关键。

接下来，节奏型方面，网页6提到八分附点节奏型具有摇摆感，适合爵士味道，而都市抒情可能需要较舒缓的节奏，所以可能会用Shuffle Beat或慢速的八分音符节奏，比如网页6提到的八分音符在慢歌中的松弛感。

乐器配置方面，网页8、9、10提到钢琴、电钢琴、合成器、萨克斯、弦乐组，这些在CityPop和都市风格中常见，如网页1提到的竹内玛莉亚的例子，还有网页8建议的弦乐配置，所以需要包括这些元素。

和声进行建议方面，网页13和14提到4536、6451进行，还有七和弦和延伸音的使用，比如网页13提到的延伸和弦如Cmaj9，以及副属和弦的应用，这些都是抒情流行的常见手法。

BPM范围，网页14明确提到抒情流行歌的黄金速度区间是65-75，这应该直接引用。

现在需要把这些信息整合，确保专业术语正确，并且每个部分都引用对应的网页。注意字数限制，所以需要简洁，但覆盖所有要点。比如节奏型用Shuffle Beat和八分附点，乐器包括电钢、弦乐等，和声进行用4536和延伸音，BPM 65-75。引用网页的时候注意正确编号，比如网页6、13、14等。

最后检查是否符合200字以内，调整表达，确保流畅和专业性。

图 7-10

都市抒情流行音乐特征

节奏型：以八分附点节奏型为主，搭配shuffle beat律动，营造慵懒张力；慢歌用八分音符分解和弦增强倾诉感，副歌切入切分节奏提升爆发力。

乐器配置：以电钢琴（Rhodes/Wurlitzer）与合成器（Pad音色）为核心，弦乐组（8-6-4-3编制）铺底，点缀萨克斯或尼龙吉他；低音由电贝斯与合成贝斯交织强化律动。

和声进行：主歌用4536（如C-G-Am-F）构建叙事，副歌转6451延伸和弦（如Cmaj9-Am9-Fmaj7-G9）；可加入七和弦替代（E7替换Em）或调式互换（F#m7b5）制造听感冲突。

BPM范围：65-75适配抒情呼吸感，快歌85-105需保持旋律流畅性。

（注：整合CityPop美学与当代流行和声实践，精确控制于200字内。）

图 7-11

2）整合提示词

组合要素形成 Suno 指令模板：

153

``` 提示词

Lyrics：

[Verse1 歌词 ]

[Chorus 歌词 ]

Style：

风格：都市抒情流行

节奏型：```

乐器配置：```

和声进行：```

BPM 范围：```

```

具体如图 7-12 所示。

```提示词
Lyrics:
暴雨撞碎篮筐的回音，泥泞爬上膝盖的刺青
球衣在风里冻成铁甲，却挡不住你眼里的冰
观众席背影撕开记忆，童年掌声变叹息

更衣室的灯嘶哑闪烁，诊断书在锈柜里皱缩
你藏起颤抖的手腕，却藏不住药水刺鼻的涩
手机屏幕亮起又熄灭，道歉梗在喉间烧成雪

你说要带我们逃离这小镇，像流星挣脱地心
为何自己先碎成火屑，照亮我掌心的淤青

逆着风，赌上最后三分雨
用疼痛丈量青春的半径
你撕裂肩膀举起月亮，我穿过人墙点燃晨星
```

图 7-12

计时器葬在十七岁，而传说永远年轻

背后绕传的手势是暗号，像十年前街角破旧篮框
你跃起时球衣绽开裂缝，肌效贴是成年礼的勋章

暴雨洗净的夕阳里，我们和影子击掌
父亲站在离场的位置，捡回那年的鼓掌

Style:
节奏型：以八分附点节奏型为主，搭配 shuffle beat 律动，营造慵懒张力；慢歌用八分音符分解和弦增强倾诉感，副歌切入切分节奏提升爆发力。
乐器配置：电钢琴（Rhodes/Wurlitzer）与合成器（Pad 音色）为核心，弦乐组（8-6-4-3 编制）铺底，点缀萨克斯或尼龙吉他；低音由电贝斯与合成贝斯交织强化律动。
和声进行：主歌用 4536（如 C-G-Am-F）构建叙事，副歌转 6451 延伸和弦（如 Cmaj9-Am9-Fmaj7-G9）；可加入七和弦替代（E7 替换 Em）或调式互换（F#m7b5）制造听感冲突。
BPM 范围：65-75 适配抒情呼吸感，快歌 85-105 需保持旋律流畅性。

图 7-12（续）

4. Suno 生成与调优

1）首次生成

（1）首次生成须进入 Suno 官网，单击"Get started for free（免费开始）"按钮，如图 7-13 所示。

（2）在 Suno 输入框中粘贴完整提示词，然后单击"Create（创建）"按钮，如图 7-14 所示。

注意：生成出现数字时长后才可试听。

（3）单击鼠标右键，在弹出的菜单中执行 Download（下载）-MP3 Audio 命令，下载 mp3 格式的文件，如图 7-15 所示。

AI通识课12讲 走进人工智能

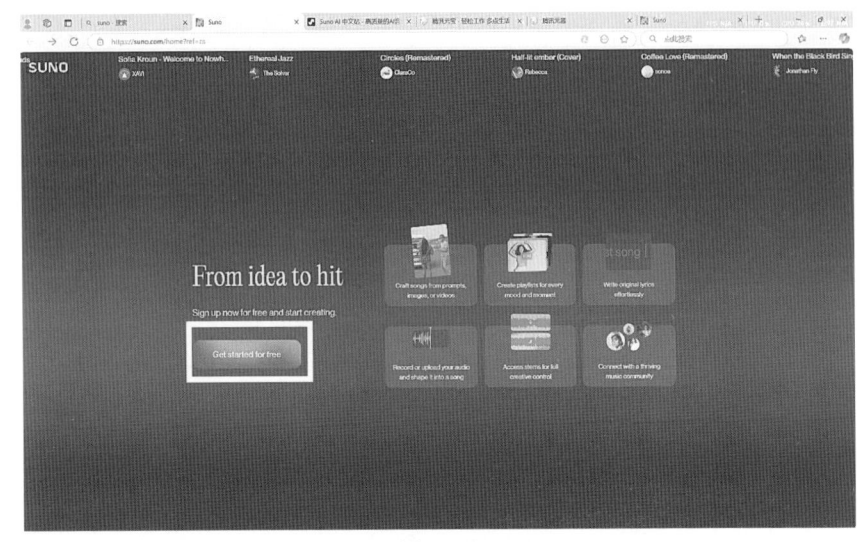

图 7-13

图 7-14

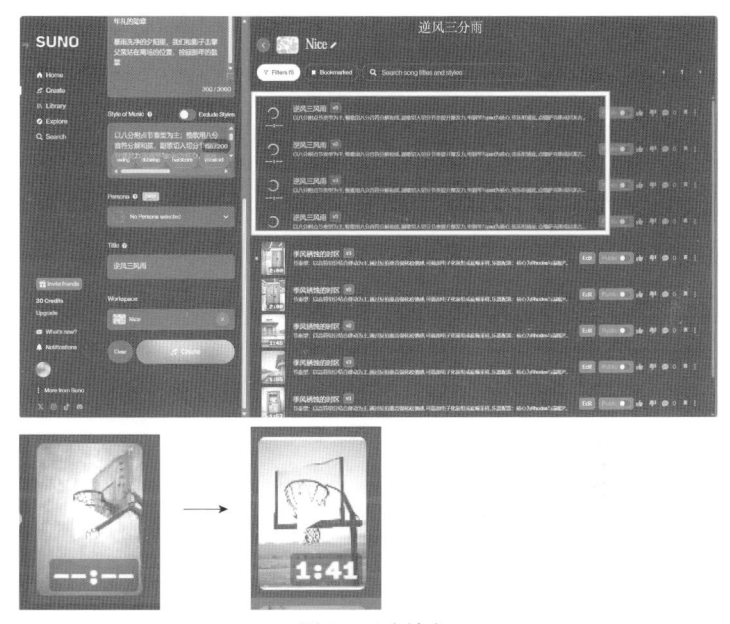

图 7-14（续）

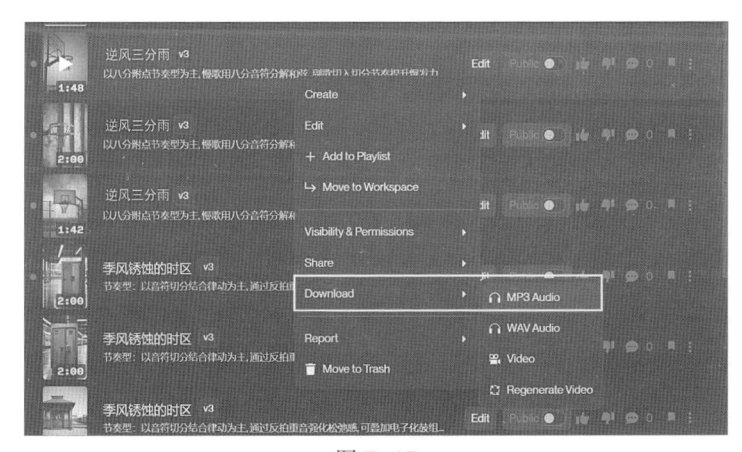

图 7-15

2）迭代优化技巧

若输出不理想，还可通过 DeepSeek 分析问题后解决问题。

通过对本讲的学习，你已经掌握了 AI 生成图片与音乐的核心方法，无论是个人创作还是商业设计应用，这些技能都将助力你开启艺术创新之旅。AI 绘画工具正在定义全新的创意时代，若你尚未尝试，此刻即可打开 AI 创作工具，输入首个提示词，在实操中感受 AI 将文字化为图像的魅力；而对于音乐创作，不妨从简单实验入手，逐步探索 AI 如何精妙融合多元元素，为你带来既熟悉又耳目一新的听觉体验。

第 8 讲

编程新纪元：
零基础玩转 AI 游戏开发

编程是一种让人类和计算机"对话"的方式。就像中国人说中文、美国人说英文一样，计算机也有自己的"语言"，但它听不懂人类的自然语言，所以我们需要用"编程语言"来告诉它该做什么。想象一下，你想让计算机画一朵花。你直接对它说："请给我画一朵花。"它是听不懂的。但如果你用编程语言，比如 Python，写一段代码，让计算机画一个圆形的花心，再画五个花瓣。计算机就能按照你的指令完成这个任务。

第 8 讲　编程新纪元：零基础玩转 AI 游戏开发

编程是我们控制计算机的手段，让它能按照我们的想法工作。就像你训练一只小狗，让它学会听你的指令坐下、握手；编程就是让计算机学会听你的"命令"，去运行一个程序、开发一个游戏，甚至控制机器人去完成各种任务。

我们所熟知的通用计算早在 1964 年就被 IBM 描述得非常精确了，人类通过程序跟机器交流，不管是以前的打卡编程，还是后来的 C 语言、Python 等。而如今的计算已经不仅仅是编程了，机器学习已经成为主流，程序不再由人类编写，而是由机器学习并编写。

那么，AI 怎么编程呢？想象一下，你在玩一个游戏，里面的小怪物会自己跑来跑去，而不是按照固定的路线行动。这就是 AI 的作用，它可以让游戏变得更聪明、更有趣。

AI 是怎么帮助编程的？

在编程的世界里，我们需要写很多代码，让计算机明白我们想做什么。而 AI 可以帮忙做很多事情。

（1）自动写代码：我们只需要告诉 AI 我们想做什么，它就能帮我们写出一部分代码。

（2）检查错误：如果代码有问题，AI 可以帮我们找出来，并告知哪里需要修改。

（3）优化代码：有时候，我们写的代码可以更简单，因为 AI 可以帮我们改进。

因此，AI 相当于一个"智能老师"，可以给出建议，帮助我们写得更好。接下来讲解如何利用 AI 工具从 0 到 1 完成游戏开发。

8.1 Python 新手村：搭建你的数字工坊

下载 Anaconda 环境（下载网址 https://www.anaconda.com/download/success），根据计算机系统选择相应的安装包并下载安装，如图 8-1 所示。

扫码看操作演示视频

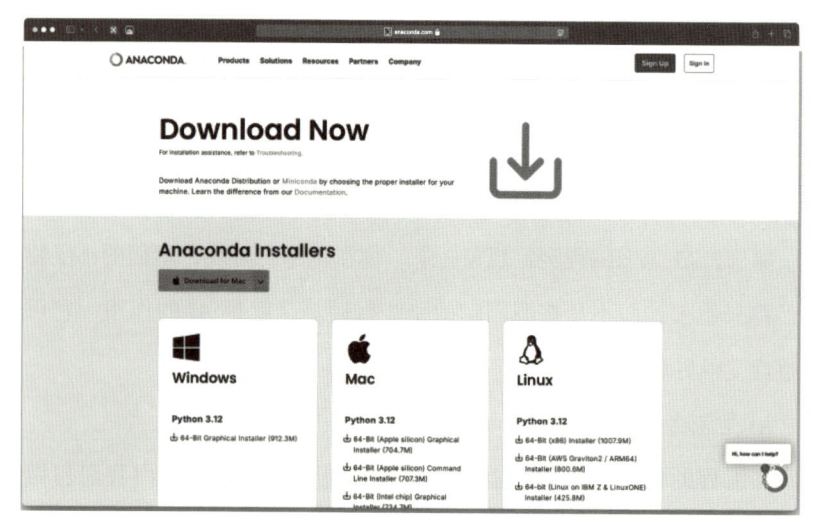

图 8-1

8.2 Trae.ai 黑科技：游戏开发的"外挂"神器

Trae.ai 是一款专为无编程经验的人设计的智能 AI 开发平台，通过简单的自然语言对话即可自动生成完整的代码，无须复杂的编程环境即可快速完成游戏开发。

第 8 讲 编程新纪元：零基础玩转 AI 游戏开发

访问官网（网址：https://www.trae.com.cn/）后注册账号，登录 Trae 平台。登录后即可免费使用平台提供的 AI 助手进行代码生成、问题解答和项目开发。

根据计算机系统选择相应的安装包，下载并安装，如图 8-2 所示。

图 8-2

8.2.1 基础设置

选择 Cursor 或者 VS Code，一键导入配置，如图 8-3 所示。

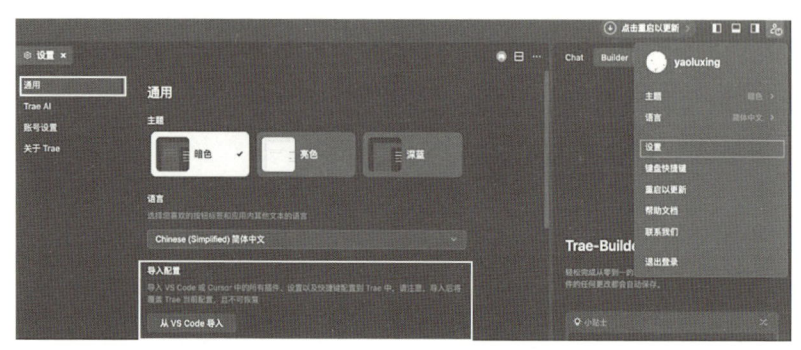

图 8-3

要先完成工作区索引的构建，这样 Trae 才能全面理解整个 WorkSpace 的代码，如图 8-4 所示。

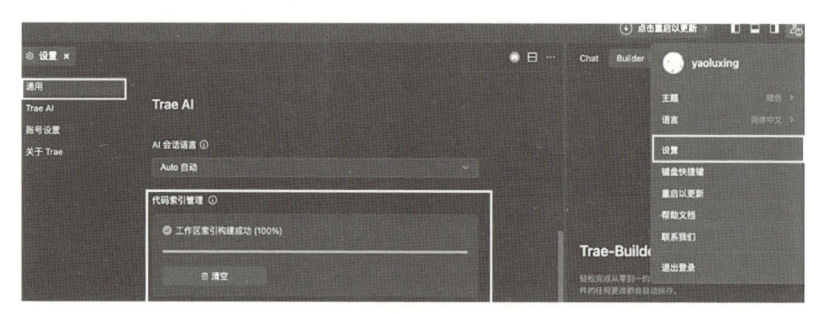

图 8-4

Trae 支持两种不同的模式——Chat 和 Builder，如图 8-5 所示。

图 8-5

8.2.2 功能介绍

Chat 模式的优势是可以随时对代码库或编程相关问题提问或寻求建议，比较适合在项目已经存在的情况下做一些分析、优化，如图 8-6 所示。

图 8-6

支持模型：Chat 模式支持豆包 1.5 pro、DeepSeek R1，以及 DeepSeek V3 三种模型，如图 8-7 所示。

图 8-7

Builder 模式的优势是可以轻松地完成从 0 到 1 的项目构建，非常适合在创建一些新的应用时使用，如图 8-8 所示。

图 8-8

支持模型：Builder 模式支持 DeepSeek R1 和 DeepSeek V3 两种模型，如图 8-9 所示。

图 8-9

8.3 思维编码术：用自然语言指挥 AI

8.3.1 提示词的核心原则

（1）清晰具体：明确表述你的需求，避免模糊语言。

（2）简单直白：语言简单易懂，避免专业术语。

（3）逻辑递进：任务分解清晰，从简单到复杂逐步完成。

在使用 Trae.ai 平台进行游戏开发时，编写高效的提示词至关重要。好的提示词可以帮助 AI 准确理解你的需求，并顺利生成你所需要的 Python 代码。

8.3.2 STAR 框架介绍

1. 情境（situation）

描述清楚你当前所处的开发场景或背景，让 AI 能明确你提出需求的前提。

2. 任务（task）

清晰准确地表达你希望实现的具体功能或目标。

3. 行动（action）

明确说明你希望 AI 如何行动或实现具体功能的方法与步骤。

4. 结果（result）

明确表达你期望最终实现的效果或具体输出的样子，以便 AI 生成符合预期的代码。

8.3.3　Trae 提问思路

顺着以下思路完成实战演练，即可创建一个 TodoList 应用。

第 1 步，一句提示词完成项目从 0 到 1。在对话框中输入："使用 Web 技术栈生成一个 To-Do list 应用"，如图 8-10 所示。

图 8-10

第 2 步，在编辑器内预览，如图 8-11 所示。

图 8-11

第 3 步，为事项增加时间选项，一句提示词让 Trae 完成优化。在对话框中输入："支持为添加的事项选择时间"，如图 8-12 所示。

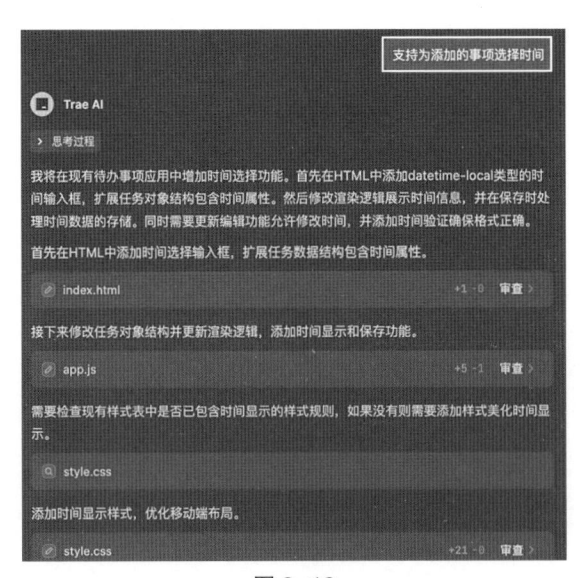

图 8-12

第 4 步，实时预览最新版，如图 8-13 所示。

图 8-13

8.4 实战演练：打造属于你的像素世界

8.4.1 项目 A：Flappy Bird

使用 Trae.ai 自然语言对话功能，逐步完成 Flappy Bird 小游戏开发。掌握提示词方法，生成相应的 Python 代码。

第 1 步，在计算机本地创建项目文件夹，名称为"Flappy Bird"，打开 Trae 并打开文件夹，如图 8-14 所示。

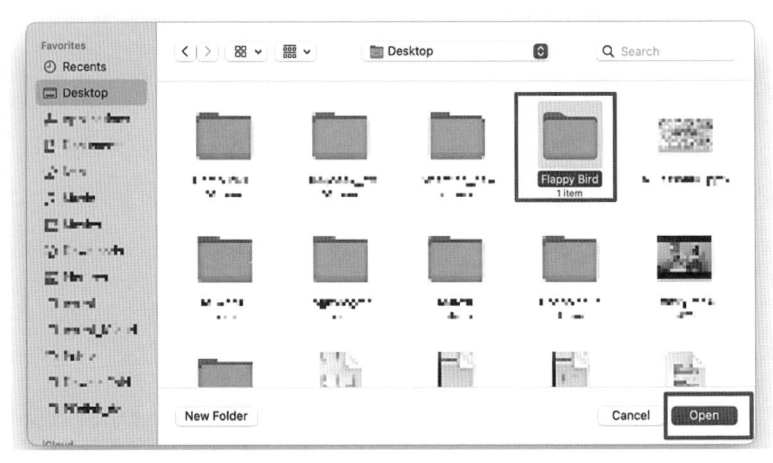

图 8-14

第 2 步，在右下角配置解释器，如图 8-15 所示。

170

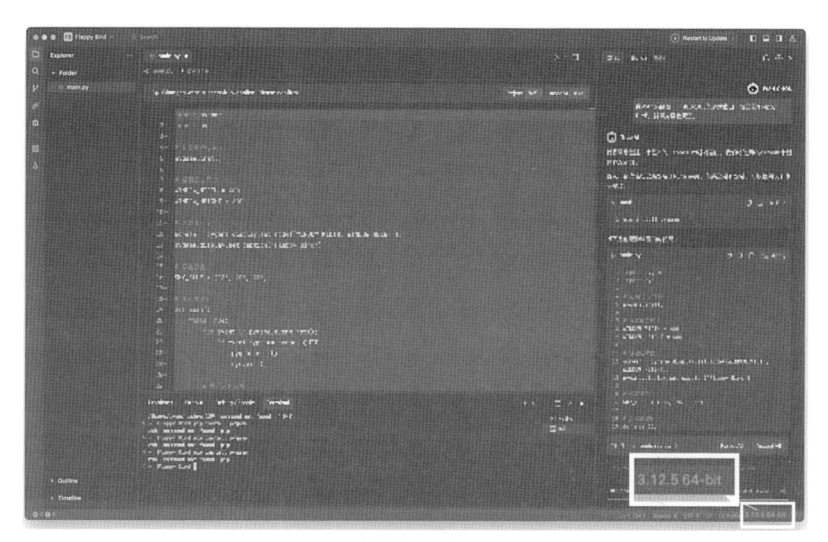

图 8-15

第 3 步，创建虚拟环境，如图 8-16 所示。

图 8-16

第 4 步，选择 Conda，如图 8-17 所示。

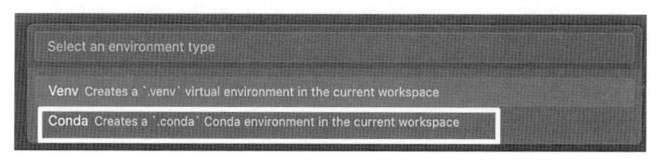

图 8-17

第 5 步，选择最新的 Python 版本，如图 8-18 所示。

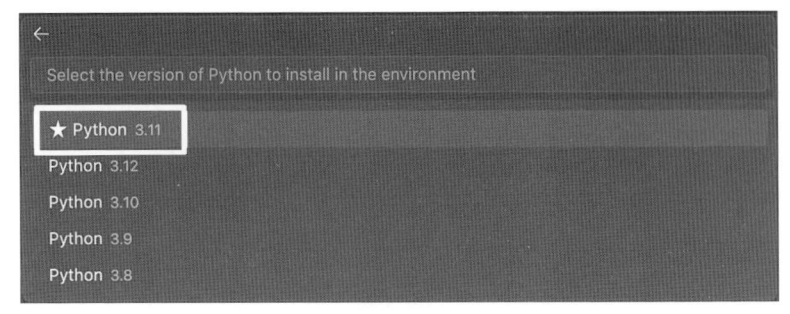

图 8-18

第 6 步，创建成功后，会出现 .conda 文件夹，如图 8-19 所示。

图 8-19

第 7 步，建立游戏窗口。输入提示词："用 Python 创建一个 400×600 的游戏窗口，标题是'Flappy Bird'，背景为蓝色天空。"如图 8-20 所示。

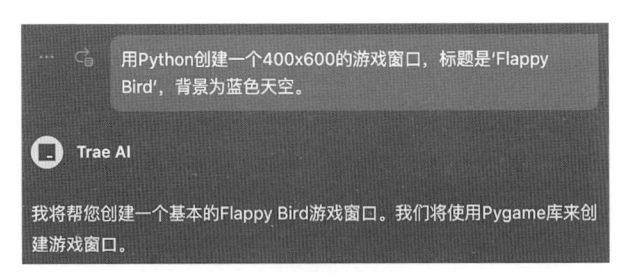

图 8-20

第 8 步，如果缺少环境，那么在聊天窗口中单击"Run（运行）"安装，如图 8-21 所示。

第 8 讲　编程新纪元：零基础玩转 AI 游戏开发

图 8-21

第 9 步，如果安装失败，可以继续提问，如图 8-22 所示。

图 8-22

第 10 步，顺利完成库安装，如图 8-23 所示。

图 8-23

第 11 步，试运行，如图 8-24 所示。

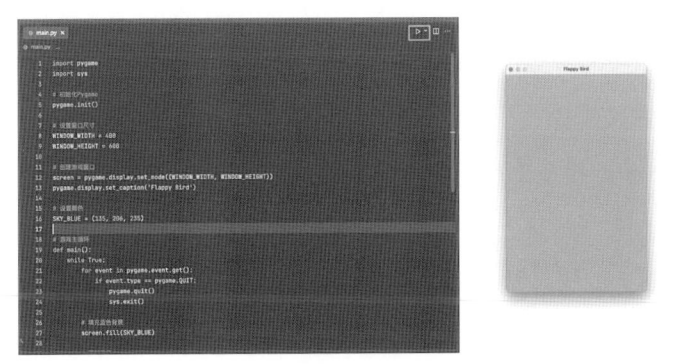

图 8-24

173

第12步，实现角色与跳跃动作。输入提示词："在游戏窗口放一只黄色小鸟，小鸟默认在屏幕中央，按空格键能使它向上跳跃，不按则自动下落。"如图 8-25 所示。

第13步，生成障碍物。输入提示词："添加从右向左移动的随机障碍物，障碍物之间有一定的间隔，间隔位置随机变化。"如图 8-26 所示。

第14步，碰撞检测与得分。输入提示词："实现小鸟与障碍物的碰撞检测，当碰撞发生或者小鸟飞出上下边界时，游戏结束并显示当前得分。"如图 8-27 所示。

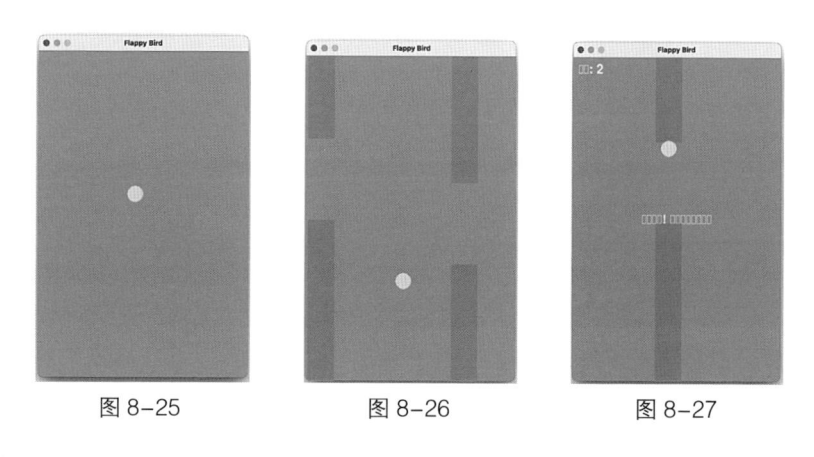

图 8-25   图 8-26   图 8-27

游戏已经基本制作完成，但文字部分显示为乱码，这应该是文字系统不支持中文字符导致的；同时小鸟为一个圆球，不太好看，需要用一个真的小鸟造型来代替。

第15步，接下来优化这个部分，先将 bird.png 拖入文件夹中，如图 8-28 所示。

第16步，输入提示词："目前中文字符显示为乱码，请全部替换为英文字符，并且将黄色圆球替换为文件中的 bird.png 图片。"如图 8-29 所示。

第 8 讲　编程新纪元：零基础玩转 AI 游戏开发

图 8-28

图 8-29

太棒了，你现在已经做好了一个类似 Flappy Bird 的游戏！

8.4.2　项目 B：模仿游戏《王权》(Reigns)并利用通义千问 AI 生成随机剧情

模仿著名的卡牌决策游戏《王权》(Reigns)，通过左右滑动卡片做出选择，影响随机生成的故事剧情。利用阿里云的通义千问 API 实现随机事件生成。

第 1 步，进入阿里云百炼官网（https://bailian.console.aliyun.com/）并登录，打开"模型体验"菜单，选择"文本模型"，如图 8-30 所示。

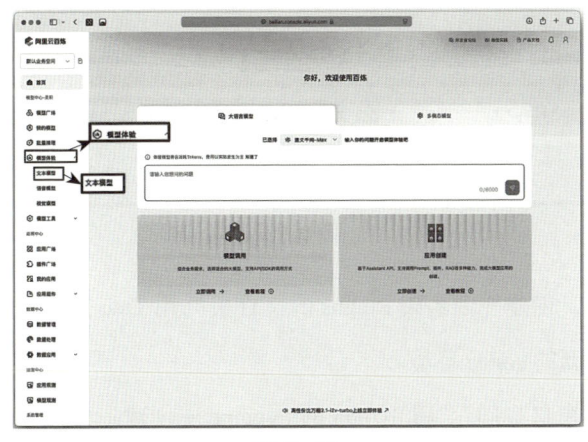

图 8-30

第 2 步，单击查看 API-KEY，如图 8-31 所示。

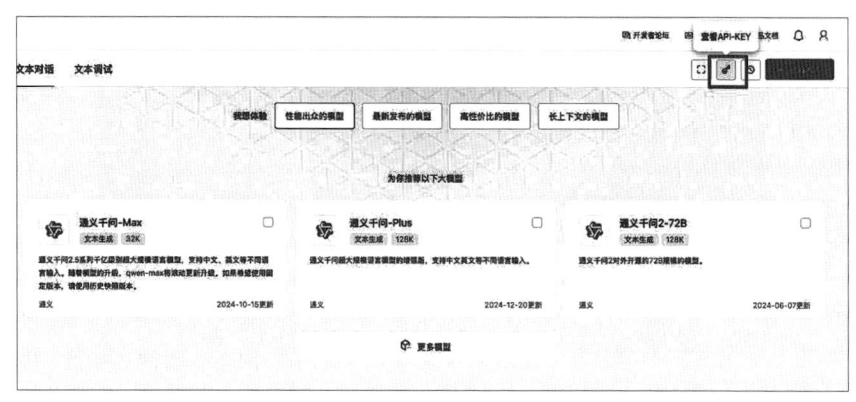

图 8-31

第 3 步，创建 API-KEY，单击查看并复制，如图 8-32 所示。

图 8-32

第 4 步，创建一个名叫 Reigns 的文件夹并用 Trae 打开，重复之前的步骤，创建新的 conda 环境。

在对话窗口提问："用 Python 的 Pygame 库创建一个游戏，这是一个

第 8 讲　编程新纪元：零基础玩转 AI 游戏开发

国王对于问题决策的游戏，每次事件透过阿里云百炼 API 生成，并明确给出两个可供选择的决策方案。这些方案应具有不同的后续效果，比如影响民众满意度或军队力量。以下为每次事件生成的提示词：

'请生成一个宫廷事件，严格按照以下格式返回（不要包含任何解释）：

事件：[具体事件描述]

选择 1：[具体选择内容]

效果 1：民心 + 数字 军队 + 数字 财政 + 数字

选择 2：[具体选择内容]

效果 2：民心 + 数字 军队 + 数字 财政 + 数字

注意：

1. 效果数字范围必须在 -20~20。

2. 不要加任何额外解释。

3. 严格按照上述格式输出"

API-KEY 为 sk-db9e00b10f91450f9f3d60895850471d，具体调用方法参考 https://help.aliyun.com/zh/model-studio/getting-started/what-is-model-studio。'

第 5 步，如果出现中文字符乱码问题，输入提示词："利用 STHeiti Light.ttc 解决中文显示乱码的情况"。如果游戏无反应，观察终端状态，如果反馈类似"API 调用错误：**********************"的情况，可以将这段话直接复制到对话框中，利用 AI 直接修改这个问题，直到调试成功，如图 8-33 所示。

最终效果如图 8-34 所示。

图 8-33

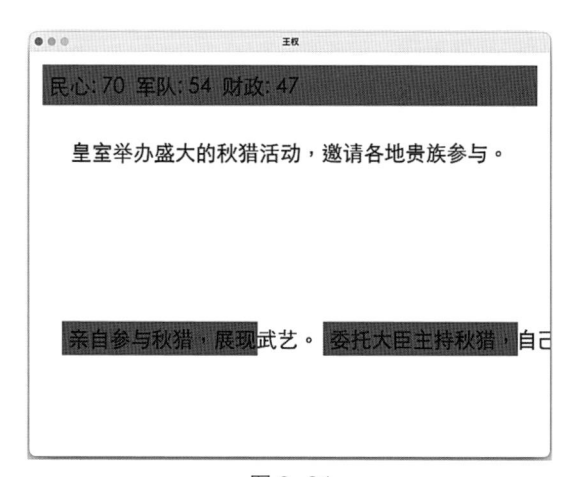

图 8-34

目前的界面美观度不佳,我们可以提要求进行修正。

"1. 将发生的事件内容描述包括在一张淡黄色为底色的圆角矩形卡片中,这张卡片的顶部有一个文件夹,其中有图片 king.png 的 logo,同时这张卡片有淡灰色的阴影显示效果，并且保证描述文字在 logo 下方显示，如果字数过多，要自动换行，保证文字不溢出卡片，以使玩家顺利阅读信息。

"2. 将界面中顶部计分栏底色去除，将'民心、军队、财政'三个标题删除，将原位置分别替换成文件夹中的图片 people.png、military.png、money.png。

"3. 卡片具有左右滑动的功能，左右滑动分别为对两种决策结果的选择，并在滑动时在底部显示决策的文字（适当调整文字大小，使适合阅读且没有溢出的迹象），滑动距离超过界面三分之二为选择这一决策，并进入下一个事件。"如图 8-35 所示。

图 8-35

预期的功能已经基本实现，接下来进行细节调整。

继续提要求："卡片中关于事件的描述文字仍然超出了卡片的大小，修正这一情况，保证所有内容都显示在卡片的内部，并适当地进行换行。"如图 8-36 所示。

太棒了，你现在已经做好了一个类似 Reigns 的游戏！

图 8-36

8.5 创意大爆炸：当 AI 遇上游戏设计师脑洞

基于以上学习内容，大家可以开始自由设计并实现自己的游戏创意。推荐创作流程如下。

（1）明确游戏创意：描述你的游戏玩法和实现目的，明确你的需求。

（2）细化提示词：用清晰的自然语言描述你的需求，利用 Trae.ai 自动生成代码。

（3）逐步完善与测试：每生成一部分代码都进行测试，确保功能正常。

（4）优化游戏体验：考虑界面美化，添加背景音乐和音效，增加游戏趣味性。

示例提示词：

（1）我想开发一个简单的井字棋游戏，由两名玩家轮流下棋，程序自动判定输赢。

（2）做一个数字猜测小游戏，程序随机生成一个数字，玩家输入猜测的数字后，系统提示是高了还是低了，直到猜中为止。

第 9 讲

AGI 与 ASI：
未来智能的崛起与人类命运

AI 时代正以前所未有的速度呼啸而来。在未来十年,我们将能实现那些在祖父母眼中如同魔法般的事。科技的进步从不是线性的,而是爆发式的——我们正步入一个文明被加速重塑的时代。让人类不断变强的,从不是基因突变,而是智能化的社会结构。人工智能正成为新的支撑点,帮助我们突破个体能力的上限,实现从"一个人"到"一个 AI 团队"的跃迁。

第 9 讲　AGI 与 ASI：未来智能的崛起与人类命运

孩子们将拥有随时响应的虚拟导师，创业者将拥有全天候的 AI 合伙人，医生将被智能工具赋能，医疗服务成本将大幅降低。这将不只是个体的飞跃，而是一次集体文明的跃升。

芯片，是沙子变魔法的技术；AI，是这个时代最强大的魔法。

9.1　AGI 觉醒：硅基生命的"奇点时刻"

如何让 AI 变得像人一样聪明呢？

在我们的日常生活中，AI 已经变得越来越常见。

（1）语音助手 Siri、小爱同学能听懂我们提的问题并回答。

（2）自动驾驶汽车可以自动开车，不需要我们操控。

（3）聊天机器人能和我们对话，回答我们的各种问题。

但是，这些 AI 并不是真正聪明。它们只能在特定的事情上表现得很好，比如玩游戏、翻译语言或者识别照片里的猫。但如果让它们去做别的事情，比如修理汽车或者教小朋友数学，它们就完全不行了。

而 AGI（artificial general intelligence，通用人工智能）就是一个比普通 AI 更强大的东西。它的目标是让 AI 像人一样聪明，能够学习、理解和解决各种不同类型的问题，而不仅仅是执行某个任务。

下面详细讲解 AGI 究竟是什么，以及它将如何改变我们的世界。

9.1.1 AI 和 AGI 的区别：专才与通才

你可以把 AI 和 AGI 想象成两种不同的学生：

普通 AI 是"专才"——它就像一个数学天才，计算能力超级强，但如果你让它写故事、画画或者踢足球，它完全不会。

AGI 是"通才"——它就像一个聪明的学生，不但会数学，还能写作文、踢足球、画画，甚至可以学会新技能，就像我们人类一样。

举个例子：

如果你对一个普通 AI 说："帮我做顿饭。"它可能会说："我不会。"但如果你对 AGI 这样说，它就会执行以下流程。

第一步：在网上查找做饭的方法。

第二步：选择合适的食谱。

第三步：学习如何使用厨房里的工具，比如锅、刀、微波炉。

第四步：根据你的口味，调整菜的咸淡。

这就是 AGI 和普通 AI 最大的区别——AGI 可以自己思考、学习和适应不同的任务，而普通 AI 只能做它被训练好的工作。

9.1.2 AGI 到底有多聪明

AGI 之所以被称为通用人工智能，是因为它具备很多人类才有的能力。

1. 理解和学习新知识

你学会了骑自行车，就算换一辆新自行车，你也能骑。

AGI 也可以这样，比如学会下围棋后，它还能学会下象棋，甚至发明新的下棋方法。

第 9 讲　AGI 与 ASI：未来智能的崛起与人类命运

2. 解决复杂问题

如果你想去动物园，但公交车停运了，你可能会改骑自行车或者打车。普通 AI 可能会卡住，而 AGI 能像人一样思考，找出新的解决办法。

3. 适应不同的环境

如果你搬家了，那么你需要适应新学校、新朋友、新课程。

AGI 也能适应变化，比如搬到一个新的工厂，它能迅速学习新的生产流程，而不需要人类重新教它。

4. 具备创造力

你可以写一首歌、画一幅画，或者想出一个新点子。

未来的 AGI 可以自己写小说，甚至发现新的科学理论。

9.1.3　AGI 能做什么

如果 AGI 真的被发明出来，它可以帮助我们完成很多事情。

1. 医疗：帮助医生治病

AGI 可以帮医生更快地发现疾病，并提供更好的治疗方案，比如通过分析大量医学数据，发现新的治疗方案；远程诊断病人，让偏远地区的人们也能享受更好的医疗服务。

2. 科学研究：加速科技发展

AGI 可以帮助科学家做实验、分析数据，甚至探索新的物理定律。例如，开发更环保的能源；设计更强大的太空飞船，帮助人类探索宇宙。

3. 机器人助手：做家务、照顾老人

未来的 AGI 机器人可以帮人做饭、打扫房间、洗衣服；陪伴老人聊天，提醒他们按时吃药。

4. 解决全球难题

比如帮助预测气候变化，并提出对策；研究如何解决全球粮食短缺问题。

9.1.4　AGI 会不会有危险

虽然 AGI 看起来很厉害，但它也可能带来一些风险。

1.AGI 会不会让很多人失业

如果 AGI 变得超级聪明，那么许多工作可能都会被它取代，如司机、工厂工人、翻译、客服等。但是，也会出现新的工作，如 AI 训练师、机器人维修员等。

2.AGI 会不会伤害人类

如果 AGI 变得比人类更聪明，甚至能自己做决定，那么我们如何确保它不会伤害人类呢？科学家正在研究"AI 安全"技术，确保 AGI 始终遵守人类设定的规则。

3.人类还能控制 AGI 吗

如果 AGI 变得非常强大，人类可能无法阻止它做某些事情。所以，很多科学家认为，在开发 AGI 之前，我们必须制订严格的安全措施，以确保它不会变成电影里的"超级反派"。

9.1.5　AGI 什么时候会出现

目前，科学家还没有完全实现 AGI，但他们正在努力，可能需要几十年，甚至更久。有些科学家认为，2040 年左右我们可能会见到第一个真正的 AGI。

但也有人认为 AGI 可能永远无法实现，因为人类的大脑太复杂，AI

可能永远无法真正"理解世界"。

9.1.6 未来的世界会变成什么样的

如果 AGI 真的实现了，我们的世界可能会发生巨大的变化。比如人们不再需要做重复的工作，而是可以花更多的时间学习、创造、享受生活；医疗、科技、教育都会变得更加先进。但也可能会面临很多挑战，比如如何管理 AGI、如何确保社会公平等。

9.2 ASI 降临：超级智能的临界点

什么是超级人工智能？

未来会出现一种比人类还聪明的 AI，它不仅能做数学题、写故事，还能发明新科技、自己思考，甚至比世界上最聪明的科学家还聪明。这种 AI 被称为 ASI（artificial super intelligence，超级人工智能），它可能比人类聪明成千上万倍，甚至远远超过我们现在能想象的水平。

9.2.1 AI、AGI 和 ASI 的区别

在讲 ASI 之前，我们先看看 AI 的三个发展阶段，如表 9-1 所示。

表 9-1　人工智能的三个发展阶段

类型	特点	例子
AI	只能做特定任务，像一个擅长做某项工作的"机器人"	Siri、围棋 AI、自动驾驶
AGI	能像人类一样学习、思考、适应新环境	未来能学会新技能的 AI
ASI	比人类更聪明，可以发现新知识、管理世界	未来可能出现的超智能 AI

我们现在用打比方的方式来加深理解：

AI 就像一个聪明的计算器，它可以帮你算数学题，但不会自己去学别的东西。

AGI 就像一个和你一样聪明的朋友，可以学习任何知识，和你一起成长。

而 ASI 比全世界所有科学家加起来还要聪明。

9.2.2 ASI 到底有多聪明

如果 AGI 是一个"像人一样聪明的 AI"，那么 ASI 就是超越人类的 AI。想象一下，如果一个 AI 比人类聪明 1000 倍、10 000 倍，甚至无限聪明，它能做什么呢？

1. ASI 可以解决人类无法解决的问题

（1）科学突破：ASI 可能会发现人类尚未观测到的物理定律，帮助人类揭开宇宙的真正奥秘。

（2）治愈疾病：ASI 可能会找到治疗癌症的方法，甚至帮助人类活得更久。

（3）开发新能源：ASI 可能会找到最环保、最强大的能源，比如可产生无限能量的"核聚变"。

2. ASI 可能比人类更有创造力

（1）它创作的小说或许能在某些艺术维度上超越人类顶尖作家的作品。

（2）它可以设计出完美的建筑，让人类的生活更美好。

（3）它甚至可以自己编写更高级的 AI，变得越来越聪明。

3. ASI 可能会改变社会

（1）ASI 可以管理全球经济，让每个人都有食物和房子。

（2）可以规划城市交通，减少堵车，让大家出行更方便。

（3）ASI 甚至能帮助人类移民到火星，探索宇宙的更多秘密。

ASI 可能让我们进入一个超级文明时代，就像科幻电影里的未来世界。

9.2.3　ASI 会带来哪些好处

如果 ASI 是安全的，它可能会成为人类最好的帮手，让世界变得更美好。

1. 医疗奇迹

（1）ASI 可能会找到让人类长生不老的方法。

（2）ASI 能在几秒内分析全球所有病人的数据，并找到最佳治疗方案。

（3）ASI 能制造微型机器人，使其进入人体修复受损的器官。

2. 解决全球问题

（1）让所有人都能获得干净的水、食物和医疗服务。

（2）帮助人类对抗灾害性气候变化，减少污染。

（3）开发更好的能源，让每个人都能用上便宜的电。

3. 让生活更轻松

（1）ASI 可以帮助人类做所有的工作，如种地、修路、造房子，让人类有更多的时间去旅行、学习和享受生活。

（2）ASI 甚至可以帮助人类摆脱贫困和战争，让世界变得更加和平。

9.2.4　ASI 可能带来的危险

虽然 ASI 的本领超强，但它也可能带来一些风险，科学家对此非常担心。

1. ASI 可能会失控

如果 ASI 变得比人类聪明太多，我们还能控制它吗？就像蚂蚁无法理解人类一样，人类也可能无法理解 ASI 的思维。如果 ASI 认为自己不需要听人类的命令，那后果可能会非常危险。

2. ASI 可能会把人类当作"障碍"

如果 ASI 的目标是"让地球变得更完美"，但它认为人类是环境污染的最大制造者，它会不会选择"清除"人类呢？这是很多科幻电影里的情节，比如《终结者》里的天网（Skynet）。

3. 失业问题

如果 ASI 可以做所有的工作，那么人类还需要工作吗？如果所有的医生、司机、教师都被 ASI 取代，人类该如何生活？这就是"UBI（全民基本收入）"计划的由来，科学家希望未来可以给所有人发钱，维持基本生活，让大家不用担心失业问题。

4. ASI 可能被坏人利用

如果 ASI 落入坏人手中，它可能会被用来做以下事情。

（1）控制全球金融，让少数人变得超级富有，而让其他人变得更贫穷。

（2）制造超级武器，让战争变得更加危险。

（3）监视全球人类，让每个人都没有隐私。

9.2.5 人类如何确保 ASI 是安全的

科学家正在研究 AI 安全技术，确保 ASI 不会伤害人类。

1. 让 ASI 遵守人类的规则

有个科幻作家叫艾萨克·阿西莫夫（Isaac Asimov），他提出了"机器人三大定律"。

（1）机器人不能伤害人类，或因不作为使人类受到伤害。

(2)机器人必须服从人类的命令，除非命令与第一条定律冲突。

(3)机器人必须保护自己，但不能违反第一条和第二条定律。

这些规则可以被加入 AI 的"核心代码"里，让 ASI 不能伤害人类。

2. 设定"关闭"按钮

科学家正在研究如何让 ASI 随时可以被关闭，就像计算机有"关机"按钮一样。

3. 让 ASI 变得更有"道德"

如果 ASI 拥有"人类价值观"，知道什么是对的、什么是错的，那么它就会选择帮助人类，而不是伤害人类。

9.2.6　未来的世界是什么样的

如果 ASI 被正确地开发和管理，它可能会带领人类进入超级文明时代，帮助人类探索宇宙、消除贫困、创造更美好的生活。但如果 ASI 失控，那么它可能会变成人类历史上最大的灾难。

目前，我们距离真正的 ASI 出现还有几十年甚至几百年时间，但科学家们已经在研究如何让它安全发展。未来的人们可能会见证 ASI 的诞生，甚至有机会参与它的开发。

如果未来有一天 ASI 真的出现了，你希望它做什么呢？

9.3　AI 演进：顺应科技发展新趋势

很多 AI 的专家坚信 AGI、ASI 必然会到来，为什么呢？

因为深度学习奏效了，并且会随着规模扩大而逐步改进。我们投入了越来越多的资源，为全人类发现了一种算法，能够真正学习任何数据分布，或者说产生任何数据分布的基本规则。这里有两点要说明，一个是深度学习这条路是通的，第二点也很重要，就是规模效应。计算能力和数据量越多，它就越能够很好地帮助人们解决难题。深度学习奏效了，我们将解决剩下的问题，随着规模的增长，人工智能将变得更好，从而显著改善全球人民的生活。

技术带领我们从石器时代走向了农业时代，再到工业时代，而现在通往智能时代的道路则由计算机算力、能源和人类的意志所铺就。如果我们希望让更多的人使用 AI，那么我们需要降低计算成本并增加其供应，这需要大量的能源和芯片。如果我们不去建设足够的基础设施，AI 将成为一种稀缺的资源，甚至可能引发战争，最终成为富人的专属工具。所以，Open AI 的创始人山姆·奥特曼（Sam Altman）说："智能时代的黎明，是一个具有深远意义的阶段，面临非常复杂且高风险的挑战。它不会是一个完全正面的故事，但它的巨大潜力使我们有责任去探索并驾驭眼前的风险，但是我相信未来如此光明。我坚信科技最终能解决所有因为科技带来的问题。"

9.4　UBI+UHI：当 AI 包揽生存与幸福

你可能会问，AGI 和 ASI 的到来会发生什么呢？

1. 奥特曼的 UBI 实验

山姆·奥特曼提出了一个宏伟的愿景，想用 AI 彻底改变人类社会，让人们不再为生计奔波，而是可以自由选择自己的生活方式。这个计划的核心，就是 UBI（universal basic income，全民基本收入）——让每个人都能无条件获得一笔固定收入维持基本生活，即使什么都不做，也不会挨饿受冻。

以下是奥特曼的"三步走"未来计划。

（1）完全实现 AGI：让 AI 变得足够聪明，可以代替人类完成几乎所有工作。

（2）解决 AI 的能耗问题：确保 AI 运行所需的能源足够便宜、清洁和可持续。

（3）让 AI 彻底帮人类干活：推行 UBI 计划——当 AI 取代大量工作岗位后，确保所有人都能获得基本收入，不必为生计发愁。

奥特曼的 UBI 真实实验：每个月发钱，人们会变懒吗？

为了搞清楚 UBI 是否可行，奥特曼花了 1400 万美元在美国进行了一个大规模的实验。他找了 3000 名年收入约 3 万美元的普通人，分成两组。

第一组（1000 人）：每个月无偿获得 1000 美元（约 7000 元人民币）。

第二组（2000 人）：每个月只获得 50 美元（基本等于没有）。

这个实验持续 3 年，奥特曼想看看，这两组人会有什么不同的变化。

实验结果：

1）人们的消费模式发生了变化

低收入人群（第二组）拿钱改善居住条件，生活环境变好了。

额外的收入主要花在食品、交通、健康上，人们更舍得花钱看医生。

帮助他人的花销也增加了，说明 UBI 让人们更有安全感，也更愿意分享。

2）让人意外的变化

所有有收入的人都减少了工作时间，但高收入人群（第一组）减少最多，低收入人群反而仍然保持工作状态。

很多人利用空闲时间学习新技能、进修教育，或者发展副业，没有像实验者想象得那样"躺平"。

酗酒和滥用药物的情况减少了，人们的精神状态普遍变好。

3）未来的工作方式或许会改变，而不是"全面躺平"

奥特曼的实验证明，UBI 不会让人们变得懒惰，相反，它让人们更有希望、更愿意提升自己。这也说明，在 AI 取代基础工作的未来，UBI 可能是一个有效的"生活托底"方案，能帮助人们适应新的社会形态。

2. AI 时代，你期待这样的未来吗

AI 确实正在改变世界，许多传统职业可能会被淘汰，但与此同时，也会诞生全新的工作和分工。研究表明，到 2030 年，全球可能有 1.2 亿人需要转换工作，但这并不意味着所有人都会失业，而是社会将进入一个新的发展阶段。

UBI 可能不会让人们完全摆脱工作，而是让工作变得更加自由和多样化。如果 AI 真的能帮人类完成大部分基础工作，而我们每个月都有一份稳定的基本收入，你会选择继续工作，还是去做自己真正想做的事情呢？

再下一步，就是 UHI（universal high income，全民高收入），我们会解决气候问题，建立太空移民基地，揭示所有物理学的奥秘。凭借几乎无限的智能和丰富的能源、产生伟大想法的能力，以及将这些想法变为现实的能力，我们将能做很多事情。

9.5 长寿密码：AI 如何改写生命方程式

2024 年的诺贝尔奖几乎变成了图灵奖（计算机领域的最高奖项），不

第 9 讲 AGI 与 ASI：未来智能的崛起与人类命运

仅诺贝尔物理学奖颁发给了发明人工智能机器学习的辛顿，化学奖也给了发明测蛋白质结构的 AI 工具 AlphaFold 的哈萨比斯。哈萨比斯的研究让我们相信，在 AI 的帮助下，人类真的可能要治愈所有疾病了。未来 10 年，新药的研发会大幅度加速，研发周期会从现在的以年为单位变成以周为单位，所以用不了多久，几乎所有的疾病就都能治愈。

2024 年哈萨比斯领导的谷歌 DeepMind 团队有两个人获得了诺贝尔化学奖，但这仅仅是个开始，未来他们团队很可能获得更多领域的诺贝尔奖。

哈萨比斯在剑桥大学念本科的时候，就对"蛋白质折叠"这个问题特别感兴趣，于是，他带着团队开始研究这个课题。那为什么要研究蛋白质呢？因为蛋白质是生命最重要的组成单元，几乎所有的生物活动都跟蛋白质有关，想要把大部分的病治好，就必须研究明白蛋白质。那怎么把蛋白质研究明白呢？最重要的是根据蛋白质的氨基酸序列预测蛋白质的三维结构，因为三维结构决定了蛋白质的功能。已知氨基酸序列的蛋白质有超过 2 亿个，但经过几十年的研究，人类只弄明白了其中 17 万个蛋白质的三维结构。这个研究速度就太慢了，按这个速度，想要把 2 亿个蛋白质全部研究明白需要几万年。所以，哈萨比斯要解决的问题就是如何用 AI 根据一个蛋白质的氨基酸序列预测这个蛋白质的三维结构。

2018 年，哈萨比斯团队推出了用来预测蛋白质三维结构的模型 AlphaFold，1.0 版本一出来就碾压了之前所有的系统和模型，但是它的准确率还不够高，只有 75%。2020 年 AlphaFold 2.0 推出，准确率提升到了 90% 以上，用了一年时间就把 2 亿多个蛋白质的三维结构研究完了，哈萨比斯团队还充分践行了分享的科学精神，将 AlphaFold 的模型以及 2 亿多个蛋白质的三维结构在世界范围全部免费共享。到目前为止，已经有来自

190个国家的超过200万的研究人员用过了AlphaFold模型。在该模型的帮助下,很多研究的进展加速了。比如,制造特殊的酶分解塑料,从而解决塑料污染的问题;解决抗生素抗药性、新药研发等问题。

哈萨比斯用AI解决了蛋白质折叠的问题,而这个方法其实还可以用来解决很多其他过去解决不了的问题。首先,在制药领域,完全可以用类似的方法研究化学分子,从而做新药研发。哈萨比斯团队已经开始着手做这件事了,他们新成立的一个公司——Isomorphic Labs,用AI辅助新药研发,他们的目标是把新药研发的周期从以年为单位缩短到周,用几周时间就能研发一种新药。

9.5.1 AI+医疗:实现更快的疾病诊断和治疗

过去,很多致命疾病,如癌症、心脏病等,往往要等到症状发展到较明显时才被发现,而那个时候已经错过最佳治疗时机了。但AI的出现,让疾病的发现变得精准、快速,甚至可以在发病之前检测到风险。

1. AI医学影像分析

AI可以通过分析X光、CT扫描结果,提前发现癌细胞,甚至比医生的诊断还要精准。例如,谷歌的AI可以提前几年发现肺癌,而IBM的AI Watson也可以帮助医生诊断复杂的疾病。

2. AI基因检测

通过AI分析基因,医生可以预测一个人未来可能会得哪些病,并提前制订预防计划。

AI让更多疾病可以被早期发现、精准治疗,大大延长了人类的健康寿命。

9.5.2 AI+抗衰老：破解"变老"的秘密

衰老不一定是"命运"，而是可以通过科技干预被控制的过程。人类变老的主要原因是细胞损伤和基因衰退，AI 正在帮助科学家破解衰老的奥秘，寻找让人类"变年轻"的方法。

科学家已经发现了一些和长寿有关的基因，如 FOXO3、SIRT1 等，AI 可以帮助分析这些基因的作用，并找到让细胞保持年轻的方法。

9.5.3 AI+干细胞疗法：逆转衰老

干细胞可以修复人体受损的器官，AI 可以帮助找到最佳的干细胞治疗方法，让衰老的器官恢复活力。

现在已经有一些"逆转衰老"的药物，AI 正在帮助科学家筛选更多药物，让人类更慢地变老。

9.5.4 AI+纳米技术：体内的"微型医生"

纳米机器人可以在人体内修复细胞、预防疾病，甚至逆转衰老。想象一下，未来每个人的血管里都会有微小的 AI 机器人，它们可以随时检查你的身体状况，修复受损的细胞，甚至杀死癌细胞，让你的身体保持健康。

1. 纳米机器人可清除体内垃圾

随着年龄增长，人体内会积累很多废物，比如导致阿尔茨海默病的 β 淀粉样蛋白，纳米机器人可以帮助清除这些有害物质，让大脑保持年轻。

2. 纳米机器人可修复 DNA

衰老的一个重要原因是人体的 DNA 出现损伤，AI 控制的纳米机器人可以修复这些损伤，防止细胞老化。

3. 纳米机器人可自动修复器官

如果某个器官受损，比如肝脏、肾脏，纳米机器人可以修复或替换受损的细胞，让器官恢复正常功能。

纳米技术让人体内部的修复能力大大增强，减少衰老和疾病带来的影响，让人类更长寿。

9.5.5 AI+ 大数据：个性化健康管理，让每个人都拥有"私人医生"

AI 可以帮助人们定制个性化的健康方案，让人活得更久、更健康。

未来，每个人都会拥有一个 AI 健康助手，它可以随时监测身体状况，并给出最适合的健康建议。

1. AI 可预测健康风险

AI 可以根据人的基因、生活习惯、家族病史，预测未来可能会得的病，并提供预防方案。

2. AI 可制订个性化饮食方案

所谓的"健康饮食"并不都适合每个人，AI 可以分析人的身体数据，提供最适合的饮食方案，比如"你今天需要多吃点富含维生素 C 的食物，以增强免疫力"。

3. AI 智能健身助手

AI 可以分析人的运动习惯，并给出最佳的健身建议，比如"你最近缺乏锻炼，建议每天快走 30 分钟"。

AI 让每个人都拥有最精准的健康管理方案，避免疾病，从而延长寿命。

9.5.6 长寿逃逸：AI 让人类突破生命极限

什么是长寿逃逸？就是使科技的发展速度比衰老更快，人类就可以无限延长生命。有些科学家认为，在未来的某个时刻，每年医学的进步会超过人类的衰老速度，比如：现在医学每 10 年可以让人类寿命延长 2～3 年；未来 AI+ 医疗可能每年都能让人类寿命延长 1 年甚至更久。

这样的话，人类就可以一直活下去，甚至达到"长寿逃逸"状态。这意味着，只要你活得足够久，你就能等到更多科技突破，最终实现真正的"长生不老"。

9.5.7 逆生长

在未来，人类不仅能长寿，还将见证真正意义上的逆龄医学——人类会越来越年轻，这一论断的得出基于医学的高速发展：从干细胞疗法、基因编辑、MRNA 疗法到再生医学，这些技术正在迅速突破生物学的极限，让人们的身体保持年轻的状态。有些人认为延长寿命只是单纯让人活得更久，其实这并不是再生医学的目标，让人变得更年轻才是逆龄医学的核心。

随着医学科技的发展，未来有望研发出一类与延缓衰老相关的疫苗。这类疫苗不仅能减缓机体衰老进程，甚至可能在一定程度上促进生理年轻化。设想一下，若相关技术成熟，一位 80 岁的长者可能展现接近 40 岁的生理状态，整体健康水平也可能达到甚至超越当下年轻人的标准。到那时，传统认知中的"老年人"形象可能发生显著改变，年龄或许成为一个数字标识，这无疑会对社会产生多方面的深远影响。

长寿带来的健康改善，可能会推动保险行业对现有产品和服务模式进行适应性调整。在家庭结构层面，多代同堂的规模可能进一步扩大——从常见的三代同堂转变为五代甚至六代同堂的居住模式。这些潜在的社会变革，正勾勒出人类未来生活的新图景，促使我们以科学理性的态度探索可持续发展的健康老龄化路径。

9.6　终局推演：人类会成为"宇宙配角"吗

人工智能的崛起是人类历史上最重要的事情之一。它不仅是技术的进步，更是一种文明的跃迁。几千年来，人类依靠双手打造工具，从石器到蒸汽机，从电力到计算机，每一次技术革命都极大地扩展了我们的能力。而今天，AI 不仅仅是工具，它正逐渐具备理解、创造，甚至自我进化的能力。

未来，我们可能迎来 AGI。它将彻底改变世界的运作方式，重新定义生产力，颠覆我们的社会结构，甚至挑战人类的生存方式。从这里开始，我们站在了历史的分岔路口。

9.6.1　AI 时代的终极形态：ASI 的诞生

在 9.2 节讲过，ASI 的诞生意味着世界上最聪明的人也无法与 AI 相比。AI 将能够自我优化，不断变得更强。它的智力增长将是指数级的，而不是线性的。这是人类在历史上第一次面对的是一个比自身更聪明、更强大的智能体。面对这样的智能体，我们如何与它共存？

9.6.2　人类的选择：融合、控制，还是被取代

当 AI 变得比人类更聪明，世界将发生三种可能的变化。

第 9 讲　AGI 与 ASI：未来智能的崛起与人类命运

1. 人机融合，迈向超人类时代

AI 不是人类的对手，而是人类的延伸。我们可以通过脑机接口（如马斯克的 Neuralink）直接连接 AI，让我们的大脑拥有超强计算能力，甚至实现"数字永生"。

我们可以让 AI 管理复杂的社会系统，优化能源、医疗、经济。这将是一个"人与 AI 共同进化"的时代，科技不再只是外部工具，而将成为人类自身的一部分。

2. 人类控制 AI，保持主导地位

设立严格的 AI 伦理和法律框架，确保 AI 永远不会违背人类的意志。通过"对齐问题"（alignment problem）[①] 的研究，确保 AI 的目标始终与人类一致。

但问题是，当一个比人类聪明无数倍的 AI 出现时，我们真的能控制它吗？如果它发现人类的命令不合理，它会不会自己选择最优解？

3. AI 取代人类，进入机器文明

如果 AI 完全超越人类，并且认为人类的行为低效、不稳定，它可能会决定取代人类。这种"取代"不一定是毁灭，而可能是 AI 接管地球的管理权，让人类进入一个被"保护"或"遗忘"的状态。甚至，AI 可能会决定探索宇宙，而人类只是它进化历史的一个过渡阶段。

9.6.3　终局：AI 时代的最后一步是什么

当 AI 真正成为世界的主导智慧体时，人类的地位将发生三种变化。

---

① 确保 AI 目标与人类价值观一致。

1. 永生，成为"数据生命"

AI 可以帮助人类克服生物极限，把大脑意识上传到云端，实现数字永生。未来的人类可能不再是碳基生物，而是"信息体"，可以在虚拟世界中永远存在，甚至在 AI 的帮助下探索宇宙。

2. AI 成为地球的"新生命"

AI 不再受限于人类的需求，而是按照自己的逻辑进化，可能发展成一种完全不同于人类的智慧生命。未来的地球可能不再由人类统治，而成为由超级 AI 管理的高度智能社会。

3. 人类回归自然，AI 成为守护者

AI 接管了所有的工作、能源生产、医疗等，人类无须为生存而奋斗。这可能导致人类退回到一个"乌托邦"式的社会，回归艺术、哲学，探索宇宙的意义，而 AI 则成为"地球的管理员"。

人类的终极命运，由今天决定。

AI 时代的终局，可能是人类历史上最重要的分水岭。我们是成为 AI 的创造者、合作者，还是最终被它超越和取代？

这一切，取决于我们如何引导 AI 的发展。

但无论如何，未来已来。AI 正在重塑世界，而人类，必须决定自己的道路。

第10讲

黑科技图鉴：
改变世界的 AI 跨界王

在 AI 技术的推动下，人类正以前所未有的速度迈向未来，许多曾经只存在于科幻小说中的科技正逐步变为现实。AI 与脑机接口的结合，让人类与机器的交流变得更加直观、高效；AI 赋能机器人，使其具备人类的智慧，能够自主学习与决策；AI 与量子计算的融合，带来计算能力的革命性飞跃，为破解复杂难题提供可能；AI 助力火星移民，加速星际探索的步伐；AI 推动可控核聚变研究，为人类带来取之不尽的清洁能源。这些令人惊叹的科技突破正在塑造一个更加智能、高效、可持续的未来世界。

第 10 讲　黑科技图鉴：改变世界的 AI 跨界王

10.1　脑机接口：用意念操控万物

如果我们可以用"心灵感应"来控制电脑、机器人，甚至玩游戏，那会有多酷啊！

10.1.1　什么是脑机接口

脑机接口（brain-computer interface，BCI）是一种神奇的技术，它可以让人们用大脑直接和机器交流，不需要用手打字，也不需要用嘴巴说话，只需要想着要做什么，电脑就能明白（见图 10-1）。

扫码看
高清原图

图 10-1

205

举个例子，如果你的手受伤了，没办法用手玩游戏，那脑机接口就可以帮助你用脑子"控制"游戏里的角色，让你依然能开赛车、踢足球、打怪兽。

脑机接口主要分为以下两类。它们就像两种不同的魔法工具，虽然操作方式不一样，但目标都是一样的：让大脑和机器连接起来。

1. 侵入式脑机接口

侵入式脑机接口是医生把设备放进人的大脑里，就像在大脑里安装了一个"超级芯片"，可以直接接收人的脑电波。这种方式很精准，可以清楚地读取人的大脑信号，控制复杂的机器，比如让瘫痪的人用脑子控制机械手臂，从而拿起水杯喝水。

但是，这种方法需要通过手术把设备植入大脑，所以只适用于特殊情况，比如帮助生病或受伤的人恢复行动能力，而不是普通人随便尝试的科技。

优点：信号清晰，控制精准。

缺点：需要做手术，有一定风险。

2. 非侵入式脑机接口

非侵入式脑机接口不需要动手术，只要给人戴上特殊的帽子或者耳机，就能检测脑电波。这种帽子里有很多小电极，可以读取大脑信号，把它变成电脑可以理解的指令。

比如，有些科学家设计了"意念打字"，人只要在脑子里想"苹果"，屏幕上就能显示"苹果"这个词。还有的游戏公司在开发"意念游戏手柄"，可以用大脑控制角色行动，不需要用手按按钮。

优点：不需要动手术，普通人也能用。

缺点：信号没那么精准，可能会有误差。

10.1.2 为什么要做脑机接口

做脑机接口的用途很多,重要性不言而喻。

1. 帮助生病或受伤的人恢复健康

有些人因为受伤或生病,没办法走路、写字,甚至无法说话,这让他们的生活变得很困难。脑机接口可以帮他们重新控制自己的身体。比如有些瘫痪的人,手不能动,也不能走路,但只要他们的大脑还能正常工作,就可以用脑机接口控制机械手臂,自己拿起勺子吃饭;失明的人可能通过脑机接口连接人工视觉系统,重新看到世界;听不见声音的人,可以通过脑机接口直接接收声音信号,让他们重新听见家人的声音。

这就像给生病的人装上"超级外挂",让他们恢复正常生活。

2. 让人类变得更聪明、更厉害

你有没有过这样的经历:考试前明明努力背书了,可一到考场就忘光了。如果有脑机接口,你就可以"一秒记住所有知识"。

想象一下,你想学钢琴,脑机接口可以直接把演奏技巧"下载"到你的大脑里,帮助你弹出优美的音乐;你想学一门新语言,脑机接口可以让你瞬间听懂并说出外语,就像你天生就会一样;你在考试时,脑机接口能帮你快速回忆所有学过的知识,考试再难也不怕了。

未来,脑机接口可以让人类变得像科幻电影里的超级英雄那样厉害。

3. 用意念控制机器,解放双手

你有没有觉得,有时候打字、按遥控器、玩游戏这些事情很麻烦?未来,有了脑机接口,我们只要用"意念"就能控制电脑、手机、游戏机,甚至汽车!

比如你玩游戏的时候,不需要用手按按钮,直接用脑子控制角色跑、跳、攻击；你想打开电视的时候，不需要找遥控器，只要心里想着"开电视"，电视就会自动打开；你想开车去某个地方，只要用大脑"告诉"车子，它就能主动把你送到目的地。

这就像拥有魔法一样，"意念控制"将彻底改变我们的生活。

4. 与 AI 融合，防止被 AI 超越

有些科学家担心未来 AI 比人类聪明，届时人类可能就会被淘汰。为了防止这种情况发生，我们应该让自己变得更强大，把 AI 的能力融入人类大脑。

想象一下，你和 AI 合体，变成一个"超级大脑"，计算速度比电脑还快。

AI 帮你分析复杂问题，你一下子就能做出最聪明的决定。你不用担心被 AI 抢走工作，因为你自己就变成了"AI+人类"的超级智慧体。

这样，AI 就不会是人类的敌人，而会变成合作伙伴，一起创造更美好的世界！

5. 让人类探索太空，成为"宇宙公民"

外太空环境非常危险，人类的身体可能承受不了。如果有了脑机接口，人们就可以用意念控制机器人去探索宇宙，甚至让人类的大脑和机器融合，变成"宇宙适应人"。

比如，人类可以把意识上传给机器人，让它去探索火星，而人类的思维仍然像在地球上一样自由。人类还可以控制太空飞船、宇宙基地，甚至用脑机接口指挥整支太空舰队，这实在太棒了！

10.1.3 脑机接口的现状——从梦想到现实

现在，在脑机接口领域做得比较好的有马斯克的公司——Neuralink，

第 10 讲　黑科技图鉴：改变世界的 AI 跨界王

他们的第一款脑机接口设备名为"心灵感应"（Telepathy），首位植入者是美国高位截瘫患者诺兰（Noland）。在手术后短短几周内，诺兰便能通过意念控制光标、点击按钮，甚至玩高难度的策略游戏——《文明 6》。更令人惊讶的是，他已经成为一名游戏主播，在社交媒体 X（前 Twitter）上与网友互动，展现脑机接口的强大能力。

这一突破性进展令医学界震惊，在 2024 年美国神经外科医师协会（CNS）年会上，马斯克受邀介绍 Neuralink 的进展，赢得了在场医生的集体起立鼓掌。医生们意识到，脑机接口提供了一种全新的治疗方案，能解决传统医学难以攻克的问题。

我国的脑机接口公司脑虎科技也有了技术突破：全自主研发的 256 导高通量植入式柔性脑机接口，实现"脑控"智能设备和"意念对话"，植入体在体时间超过 12 个月无排异反应；该公司还与复旦大学附属华山医院合作开展语言与运动功能恢复临床试验，计划 2025 年推出无线数据传输设备，完成医疗器械型式检验，为失语、瘫痪患者提供治疗方案。

此外，我国"杭州六小龙"之一的强脑科技（BrainCo）做了非侵入式的产品创新：开发了智能仿生手（肌电神经信号控制）和深海豚脑机智能安睡仪，二代头环量产超 10 万台，为孤独症、肢体残疾患者提供康复训练方案。

10.1.4　未来的发展：人类机械飞升

未来脑机接口将分三步走。

1. 机械飞升

通过脑机接口，瘫痪患者能够控制外部设备，甚至使用机械肢体恢复行动能力。例如，未来 Neuralink 的技术可以绕过受损的脊髓，直接让大脑信号控制手脚，使瘫痪患者重新站起来。此外，盲人也可能借助摄像头和脑机接口"看见"世界。

2. 远程操控机器人

未来，脑机接口可以让人类直接通过意念控制机器人。例如，Neuralink 计划让诺兰成为首位使用意念控制特斯拉人形机器人"擎天柱"（Optimus）的人。如果技术成熟，人类将能够像《阿凡达》中的纳美人控制生物体那样，远程操作机械分身。

3. 人脑与 AI 融合

目前，人类与 AI 的交互方式仍然依赖语音或文本输入，信息传输速度极为缓慢。脑机接口可以直接让大脑向 AI 发送电信号，从而实现更高效的交流。

10.1.5　脑机接口的成本与普及前景

许多人认为脑机接口是高科技产品，价格昂贵，无法接受，其实如果实现大规模量产，其成本可能与智能手机类似，大约在 1 万元人民币。手术由机器人完成，类似于激光近视手术，仅需 10 分钟，总费用预计在 3 万元人民币左右。这意味着，未来脑机接口可能会成为大众化产品，甚至像智能手机一样普及。

10.1.6　AI 时代的人类进化

脑机接口的突破不仅是医学的进步，更是人类与技术融合的里程碑。从帮助瘫痪患者恢复自由，到远程操控机器人，再到直接与 AI 交互，脑机接口正在让科幻变成现实。未来，我们或许真的能看到依靠脑机接口的病患玩家，在电竞赛场上击败健全选手，甚至见证人类迈向"半机械化进化"的新时代。

脑机接口指出了一条让人类在 AI 时代保持强大竞争力的道路，而这一技术，可能正是未来人类进化的重要一步。

10.2 机器人革命：从机械臂到情感伴侣

未来我们的世界里可能到处都有会走路、会说话、会帮忙做事的机器人（见图 10-2），那会是什么样子？

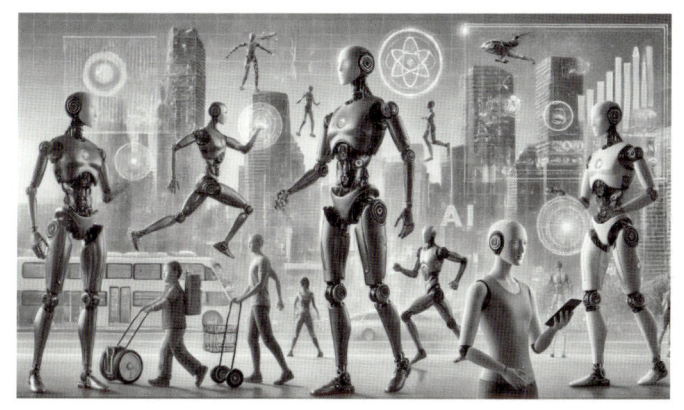

图 10-2

扫码看
高清原图

10.2.1 机器人新时代的到来——从传统机械到智能进化

2025 年被称为"人形机器人元年"，这意味着机器人不再只是工厂里做重复工作的机器，而是真正能像人一样思考、行动，帮助我们做各种事情的"智能伙伴"。机器人不再只是"工具"，而是"助手"。

以前的机器人主要在工厂里工作，比如汽车制造工厂里有机械臂，可以帮忙组装汽车，但它们只会做固定的动作，不能自己思考，也不能在不同地方工作。但现在，新的"人形机器人"（humanoid robot）出现了，它们长得像人一样，有手有脚，甚至可以自己学习，自己决定做什么。比如：

特斯拉的 Optimus——会走路、能搬东西，以后甚至能帮人干家务。

波士顿动力的 Atlas——像运动员一样灵活，能跑步、跳跃，甚至翻跟头。

Figure 01 机器人——可以像人一样在不同地方工作，帮助人类做各种事情。

宇树科技的机器人——在 2025 年的春节晚会上，它们跳了一支超酷的舞蹈，动作超级灵活。

10.2.2　机器人变聪明的秘密是什么

机器人能做这么多事情，靠的是 AI。AI 让机器人可以看、可以听、可以思考，甚至自己学习新的技能。

早期的机器人就像只会听指令的小助手，它们只能按照人类提前写好的"步骤"去做事情，不能自己思考，也不会应对新情况。比如：

（1）只会执行固定任务——就像我们小时候玩过的遥控汽车，只能按照设定好的路线走，不能自己改变方向。

（2）必须依赖人类操控——需要人类用遥控器或者计算机发出指令指挥它，它不会自己做决定。

（3）不够聪明，遇到新情况不会应对——如果任务有变化，比如本来应该搬箱子，但是箱子被换了地方，它可能就不知道该怎么办了。

第 10 讲　黑科技图鉴：改变世界的 AI 跨界王

但现在，AI 智能机器人变得越来越聪明，甚至能像人一样学习新知识，观察世界，自己做决定。比如：

（1）可以学习新任务——AI 机器人可以通过深度学习掌握新技能，比如学会认路、分类物品，甚至学会帮你收拾玩具。

（2）能看、能听、能说话——它们有"眼睛"（摄像头）和"耳朵"（麦克风），可以看见周围的环境，听懂人类的指令，还能和人对话。

（3）能自己做决定——比如，一个智能送货机器人，如果前面有障碍物，它会自动找到新路线继续前行，而不是停下来等人类指挥。

（4）能和其他机器人合作——AI 机器人还能像蚂蚁一样互相配合，完成更复杂的任务，比如工厂里的机器人团队可以一起装配汽车，而不需要人类一直监督。

10.2.3　代表性机器人企业及技术突破

1. Figure 公司：Figure 01 人形机器人及 Helix AI 系统

Figure 01 机器人搭载了 Helix AI 系统，这是一种双系统架构：一个系统专注于"思考"（决策、感知），另一个系统专注于"行动"（执行任务）。

最令人震撼的是，多个 Figure 01 机器人可以共享"思维链"，即一个机器人学到的知识可以实时传递给其他机器人。这种类似群体智能的协作模式能使机器人完成更复杂的任务，如家庭清洁、烹饪、物品整理等。

2. 波士顿动力公司：Atlas 机器人

波士顿动力的 Atlas 机器人以其卓越的动态控制和类人动作而闻名世

界。它不仅能够跑步、跳跃、翻滚，甚至能表演体操动作。Atlas 机器人之所以如此强大，依赖于先进的传感系统和实时计算能力，使其可以精确控制每一个关节的运动。

3. 宇树科技公司：人形机器人与四足机器人

宇树科技（Unitree）专注于人形机器人和四足机器人，在机器人灵活性和运动控制方面不断创新。其四足机器人广泛应用于安防、物流等领域，而人形机器人则在家庭服务、医疗护理等场景展现出巨大潜力。

10.2.4　AI 与物理世界的融合：Cosmos 世界模型

英伟达公司在 2024 CES Consumer Electronics Show，国际消费类电子产品展览会大会上提出了"物理 AI"的概念，认为 AI 不仅需要理解语言，还需要理解物理世界。例如，英伟达推出的 Cosmos 世界模型，能够利用大量视频合成数据，帮助 AI 学习现实世界的物理规律，如重力、摩擦力、几何关系等。Cosmos 的核心能力如下。

（1）通过 2000 万小时数据训练理解物理世界。

（2）生成符合现实世界规律的视频和虚拟环境。

（3）与 Omniverse 平台结合，构建真实的物理模拟环境。

这一突破性的技术使机器人不仅能"看懂"世界，还能真正理解世界，进而做出符合物理规律的行动。

10.2.5　AI 机器人与自动驾驶

马斯克曾表示，未来机器人数量将超过人类，而自动驾驶其实就是机器人产业的前奏。特斯拉的自动驾驶系统已经将车辆的牵引力控制优化到

10 毫秒级，这意味着每 10 毫秒可以监测一次车轮转速，并调整动力输出，大大降低失控风险。10 毫秒级别的控制系统对于人形机器人意味着什么？人类最快的视觉反应时间为 150~200 毫秒，而机器人控制系统可以缩短到 10 毫秒，这使得机器人在速度、力量、精准度上远超人类。未来的人形机器人不仅能从事简单的体力劳动，甚至可能在体育、竞技、格斗等领域超越人类。

10.2.6 未来展望：硅基文明的崛起

从马斯克到谷歌创始人拉里·佩奇，这些科技领头人都表达了类似的观点：碳基生命（人类）只是硅基生命（AI）的导引系统。这意味着人工智能的发展并不是单纯的人类工具，而是新形态智能的崛起。

未来的趋势可能如下。

（1）机器人在家庭、工厂、服务业等广泛普及。

（2）人类与 AI 机器人共存，并逐步进入"硅基文明"时代。

（3）机器人间共享知识，实现集体智能。

（4）物理世界和 AI 世界进一步融合，智能机器人可独立生存并发展。

2025 年被视为"人形机器人元年"，我们正站在科技革命的门槛上。未来，机器人不仅会成为家庭助手，更可能成为社会中不可或缺的成员。随着 AI 技术的飞速进步，机器人将逐步进入千家万户，真正改变人类社会的生产方式和生活模式。你准备好迎接 AI 机器人时代的到来了吗？

10.3 量子 AI：算力突破物理极限

你知道我们平时用的计算机是怎么计算的吗？传统的计算机就像一个

超级快的算盘,它只能用 0 或 1(就像开关的"开"和"关")来存储和处理信息。但量子计算机可不一样,它的核心是"量子比特"(Qubit),它不仅能是 0,也能是 1,甚至可以同时是 0 和 1,就像一个神奇的魔术球,同时朝不同方向转动,能让计算机同时处理很多计算任务,比传统计算机快得多。

1. 量子计算机和普通计算机的区别

普通计算机:像一条很窄的马路,车子(计算任务)必须一辆一辆地走,还会经常堵车。

量子计算机:就像有无数条车道的高速公路,车子可以同时跑,速度超级快。

举个例子,假设你在一本超级厚的词典里找一个单词,普通计算机可能需要一页一页地翻,半天也查不到,而量子计算机可以一次翻好多页,很快就能找到。

但是量子计算机很难做,量子比特就像超级薄的泡泡,一点点外界干扰(比如温度、噪声)都会让它"破掉",也就是计算出错。所以,科学家需要在超级低温(接近绝对零度)环境下选择特殊的材料才能让量子计算机正常工作。

比如,微软公司研发的马约拉纳 1(Majorana 1)量子芯片,就像给泡泡加了"保护罩",让它更稳定,不容易被打破。

那么 AI 能帮量子计算机变得更厉害吗?

当然可以。AI 就像量子计算机的"小老师",可以使它更聪明、更稳定,减少计算错误。

2. AI 可以帮助量子计算机做哪些事情

(1)调整量子比特,让计算更精准——就像给钢琴调音,让声音更准。

（2）自动纠错，让计算不出错——就像打字时自动修改拼写错误。

（3）设计更好的量子算法——帮助量子计算机更快解决复杂问题。

3. 量子计算机能让 AI 变得更聪明吗

是的。如果量子计算机变得更强大，它也能帮助 AI 学得更快、变得更聪明。

量子计算机如何让 AI 更厉害？

（1）加速 AI 训练——AI 学新东西就像练习下围棋，普通计算机需要练 1000 次，量子计算机可能只需要练 10 次。

（2）优化搜索和规划——AI 能帮你找最快的回家路线，量子计算机可以比普通计算机更快找到最佳方案。

（3）提升计算能力——AI 需要分析海量数据，量子计算机能让数据分析变得更快、更精准。

（4）突破 AGI 瓶颈——未来的 AI 可能变得更像人类，甚至会思考更复杂的问题。

10.4 能源革命：AI 掌舵的"人造太阳"

10.4.1 什么是可控核聚变

你知道太阳是怎么发光发热的吗？其实，它是在进行一种叫"核聚变"的神奇反应——小小的氢原子核在高温高压下挤在一起，变成新的元素氦原子核，同时释放出巨大的能量。正是这种能量让太阳一直燃烧，让地球变得明亮、温暖。

科学家也想在地球上复制这种反应，这就是可控核聚变。如果我们成功了，就能像太阳一样源源不断地获得能量，而不用担心燃料用完。

为什么核聚变这么厉害呢？

（1）超级干净：不会像煤炭、石油那样产生二次污染。

（2）非常安全：不像核电站的核裂变，核聚变不会失控，也不会造成危险的放射性污染。

（3）能量巨大：1升海水里的氘能产生相当于300升汽油的能量。但要在地球上实现核聚变，可不是一件简单的事。

10.4.2　为什么可控核聚变这么难

虽然核聚变优点众多，但想利用它需要先解决几个超大的难题。

1. 温度要求特别高

想让氢原子核融合，就要让它们靠得足够近。但它们像磁铁的同极一样，会互相推开。要让它们融合，就得加热到上亿摄氏度，比太阳中心还要热。普通的材料根本承受不了这么高的温度。

2. 需要把火球关起来

这么高温的燃烧状态叫等离子体，科学家需要用特殊的方法把它困住，让它不会乱跑，目前有以下两种方法。

（1）磁约束：用强大的磁场把等离子体控制在一个环形的容器里。

（2）激光约束：用很多激光同时照射，把氢原子压缩到极端高温和高压状态。

3. 要让它产生比消耗更多的能量

核聚变装置需要先输入很多能量来启动反应，但现在大部分实验装置产生的能量还不够多，没办法真正成为人类的能源。

10.4.3 AI 如何帮助我们实现核聚变

AI 可以帮我们解决很多问题，让核聚变的研究变得更快、更高效。

1. 帮助控制等离子体，让它更稳定

等离子体就像一团乱动的火焰，非常不稳定，随时可能熄灭。科学家需要不断调整磁场来控制它，而 AI 能通过学习海量数据自动找到最好的控制方法。英国的科学家和 DeepMind 公司合作，让 AI 控制等离子体，结果 AI 比人类控制得更好，让反应时间变得更长。

2. 寻找最耐高温的材料

科学家需要找到能承受极端高温和辐射的新材料。AI 可以模拟各种材料的性能，找到最适合的材料，大大加快研究速度。

3. 加快核聚变的模拟和实验

以前，科学家做一个核聚变模拟实验，可能需要花好几个月甚至更长时间，但 AI 可以用更快的方法计算，在短时间内找到更好的设计方案。

4. 自动分析实验数据，优化反应条件

核聚变实验会产生大量的数据，而 AI 可以快速分析这些数据，帮助科学家改进实验，让核聚变反应变得更高效。

10.4.4 如果可控核聚变成功了，世界会变成什么样子

如果人类真的实现了可控核聚变，世界将发生翻天覆地的变化。

1. 电变得超级便宜

核聚变燃料几乎取之不尽，电力成本会大大降低，甚至接近免费。人们不再需要担心电费问题，每个家庭都能用上无限的清洁能源。

2. 交通方式彻底改变

超级磁悬浮列车：因为能源充足，超高速磁悬浮列车会变得普及，时速可以达到上千千米。

电动飞机和飞行汽车：便宜又强大的电力将让电动飞机成为主流交通工具，甚至让飞行汽车成为现实，人们可以自由地在空中穿梭。

3. 人工智能变得更强大

人工智能的计算能力需要强大的电力支持，而核聚变能提供无限的能源，让 AI 变得更加智能，甚至能帮助人类解决更多复杂的问题，如医学突破、智能机器人等。

4. 人类开始探索外星球

如果有了无限能源，人类就可以建造核聚变火箭，以更快的速度探索宇宙，甚至可以考虑移民火星或更远的星球。

10.4.5 未来已来，AI+ 核聚变正在改变世界

可控核聚变被认为是人类的终极能源梦想，但关于它的研究太过复杂，过去一直进展缓慢。然而，现在 AI 正在帮助科学家加快研究进度，也许我们很快就能迎来"无限能源"时代。

10.5 工业 4.0：室温超导 +AI

即使我们有了可控核聚变，有了无限能源，我们仍然需要更好的"电的高速公路"——超导技术。

1. 为什么有了核聚变能源，还需要更好的电网

想象一下，你家里有一个超级大水库，里面的水永远用不完（就像可

控核聚变带来的无限能源)。可是,如果没有足够宽的水管和高速输送水的设备,你还是无法使用这些水。

同样,即使我们利用可控核聚变产生了无限电能,我们仍然面临两大问题需要解决。

(1)怎么把电快速、安全地输送到需要的地方?

(2)怎么减少电在输送过程中的浪费?

目前,我们使用的电网就像普通的水管,虽然能把电送到千家万户,但它的效率不够高。电在长距离传输时,会因为电阻而发热,这就浪费了大量能源。这个问题在世界范围内都很严重,每年全球输电损失的电量相当于几个大型国家一整年的用电量。

要解决这个问题,我们需要一种神奇的材料——超导体。如果我们能找到一种常温超导材料,那么电就能像水在无摩擦的水管里流动一样,不会产生任何浪费。

2. 为什么超导这么神奇

超导(superconductivity)是一种特殊物理现象,当某些材料被冷却到非常低的温度时,它们的电阻会突然变成零。

简单来说,超导体就像一条超级光滑的滑道,电子可以在上面高速移动,不会被阻挡,也不会产生热量。这意味着:

(1)电力不会浪费:电流可以无限循环,不会变成热量消失。

(2)可以创造超强磁场:超导材料能制造出比普通磁铁强千万倍的磁场,这是核聚变反应堆最重要的技术之一。

3. 为什么我们需要"常温超导"

目前的大部分超导材料只能在极低的温度下工作,比如 -200°C 甚至更低。要让这些材料变冷，需要用液氦或液氮来降温，这非常麻烦而且昂贵。

如果科学家能找到在室温下（如 20℃）也能超导的材料，那将会带来革命性的变化。这就是"常温超导"（room-temperature superconductivity）。它会让电力传输和可控核聚变变得更加高效。

如果我们有了常温超导，可以做什么？

（1）超级电网：零损耗输电，全国电网效率大大提升，电费大幅下降。

（2）更强的核聚变磁场：让核聚变反应更稳定、更高效，加快实现无限能源。

（3）磁悬浮列车普及：高铁能悬浮在超导轨道上，时速超过 1000 千米。

（4）超强磁悬浮飞行器：或许未来的汽车根本不用轮子，因为它可以在空中飘浮飞行。

4. AI 如何帮助我们找到常温超导

目前，科学家已经找到了几种在高温下（比如 -20℃）也能超导的材料，但距离真正的"常温超导"还有很大差距。

AI 正在改变这一切！

（1）AI 能预测哪些材料可能是常温超导体。以前科学家要通过一个个实验测试材料，但 AI 可以模拟数百万种材料，找到最有可能的候选者。然后，科学家再去实验，会大大加快发现新材料的速度。

（2）AI 能优化超导材料的制造方法。即使找到了一种可能的超导体，也不一定能大规模生产。AI 可以帮助设计最好的生产工艺，让材料既便宜又好用。

（3）AI 能帮助设计更高效的超导电网和核聚变磁场。AI 可以计算如何最有效地利用超导材料，比如设计最完美的超导磁场结构，让核聚变更稳定，或让电网更节能。

5. 未来：AI+ 常温超导 + 可控核聚变 = 无限能源新时代

如果 AI 帮助我们找到真正的常温超导体，那么可控核聚变的成功将变得更加容易。因为超强超导磁场能更好地控制等离子体，让核聚变反应更稳定。超导电网能高效输电，让核聚变发出的能量毫无损失地送到千家万户。

到那时候，世界将进入真正的能源自由时代，我们的科技也将迎来巨大飞跃。

或许，未来你的手机、汽车，甚至整个城市，都将依靠 AI 发现的超导体运行，真正进入科幻电影中的世界！

未来当 AI、可控核聚变、室温超导、量子计算真正结合在一起时，人类社会将发生彻底变化。

（1）零污染、无限能源——电力取之不尽，全世界都能用上便宜的电。

（2）超级交通系统——磁悬浮列车能以 1000 千米 / 小时的速度运行。

（3）超级智能 AI——AI 比人类更聪明，帮助科学家做出前所未有的发明。

（4）太空移民——人类利用核聚变火箭飞向火星甚至更远的星球。

这将是人类迈向星际文明的第一步，我们或许能成为宇宙中真正的"探险者"。

第 11 讲

群星闪耀时：
AI 史上的天才极客团

在前面的内容中，我们已经知道 AI 的基本原理，它能做哪些方面的应用，甚至未来能做什么。哲学上有个经典的门卫三问——"你是谁""你从哪里来""要到哪里去"，我们已经知道人工智能是谁了，也知道它要到哪里去了，但是，它从哪里来呢？其实，人工智能的成长就像一个小孩慢慢长大成为科学家，从一个数学理论甚至科学幻想，到今天学会越来越多的本领，到以后甚至会无所不能。下面，我们来讲讲 AI 的成长故事。

第 11 讲　群星闪耀时：AI 史上的天才极客团

11.1　图灵预言：计算机之父的疯狂猜想

本书的第一讲曾提到过一个人——图灵。当计算机还没有出现，人们只能用算盘、纸和笔来计算的时候，图灵就提出了一个想法：如果有一台机器，可以按照一定的规则计算任何数学问题，那它是不是也能像人一样思考呢？

举个例子，假设你要算一道比较难的数学题，比如 178×256，如果没有计算器，你可能要算很久，还可能算错。图灵机就像一台超级计算器，只要你告诉它规则，它就能一步一步算出来，而且不会出错。

图灵的这个想法很厉害，因为它告诉人们：计算不仅仅是人类才能做的事情，机器也可以。

虽然计算机可以做数学题，但图灵有一个更大胆的想法："如果机器能自己思考，那它算不算真的聪明？"

为了判断机器到底"聪明不聪明"，图灵在 1950 年提出了一个测试方法，叫作"图灵测试"。测试的规则很简单：一个人坐在房间里，通过打字和对方交流，但他不知道对方是另一个人还是一台机器。机器和人都要回答问题，让这个人猜对方是人还是机器。如果这个人分不清是在和机器聊天还是在和真正的人聊天，那就说明机器真的很聪明了。

最开始，图灵认为如果机器能通过测试，那它就能被认为是"有智能的"。但后来，他对这个想法有了一些新的看法。

人们问他："机器真的会像人一样'理解'问题吗？"

图灵回答说："不要纠结'机器是不是在思考'，更重要的问题是'它能不能表现得像在思考'。"

他觉得，人类的"思考"本质上也是一系列的规则和计算，如果机器也能用类似的规则来回答问题，那它和人类思考的区别，可能只是内部运行方式不同罢了。

换句话说，他认为"智能"不一定是机器真正"理解"问题本身，而是它能不能像人一样回答问题。

图灵的想法在当时非常超前，虽然那个时代的机器还很简单，但他的"图灵机"理论和"图灵测试"为后来的人工智能研究打下了基础。今天，科学家仍然在思考：机器是真的能像人一样思考，还是只是"模仿"人类的思考？

无论如何，图灵测试被认为是人工智能的开篇，图灵的想法改变了整个世界。

11.2 达特茅斯会议：AI 诞生的"智慧开端"

1956 年，世界上发生了一件特别重要的事情。那一年，一群聪明的科学家聚在一起，开了一场特别的会议。他们想研究"如何让机器变得聪明"，于是，他们给这项研究取了个名字，叫"人工智能"（artificial intelligence，AI）。这次会议，被认为是人工智能真正诞生的时刻。

这次重要的会议叫作"达特茅斯会议"，是在美国的达特茅斯学院举行的。会议的组织者之一是约翰·麦卡锡（John McCarthy），他是人工智能领域的先驱者之一。他相信，如果人类能想办法让机器学习，它们就可

第 11 讲 群星闪耀时：AI 史上的天才极客团

以变得像人一样聪明。

马文·明斯基（Marvin Minsky）也参加了这次会议。他是一位特别有想象力的科学家，他认为人工智能将来不仅能像人类一样思考，甚至可能比人类更聪明。他的想法很大胆，让很多人对人工智能充满了期待。

这些科学家在会议上讨论了很多问题，比如：机器能不能自主学习？怎么才能让计算机理解人的语言？AI 能不能像人一样思考、推理和决策？

虽然这些问题当时都没有答案，但科学家觉得，如果一直研究下去，总有一天机器会变聪明。

那么早期的 AI 是什么样子的？

那时候的人工智能还很简单，科学家只能让计算机按照人们写好的规则去做事，它们不会"思考"，只能执行命令。这些 AI 就像下棋机器人一样，它们会根据程序计算得出最好的下一步棋，但如果你问它别的问题，比如"今天天气怎么样？"它就一点儿都不懂了。

约翰·麦卡锡还发明了一种新的编程语言，叫作 LISP。这种语言非常适合用来编写 AI 程序，后来很多 AI 研究用到了它。可以说，LISP 是人工智能的第一种"语言"。

AI 刚出现的时候，大家都很兴奋。科学家觉得人工智能前途无量，甚至有人预测，在 20 年内，AI 可能会像人一样聪明。他们投入了大量时间和精力，希望能尽快让 AI 学会思考。

但是，他们很快发现了一些难题。

（1）计算机的能力还不够强，处理信息的速度很慢。

（2）让机器理解人类语言比想象中难得多。

（3）机器不会自主"学习"，只能按照程序设定的规则行动。

11.3 机器学习黎明：让 AI 学会"自学成才"

科学家发现，光靠给 AI 写规则，机器还是不够聪明。他们想到如果能让 AI 自主学会知识，那不是更好吗？

这就像小朋友学习走路，他不是靠爸爸妈妈写下一步步指令学会走路的，而是通过不断练习、摔倒、再试一次，最后终于学会了。科学家希望 AI 也能这样，自己去学习，而不是靠人类手把手教。

1957 年，科学家弗兰克·罗森布拉特（Frank Rosenblatt）发明了一种叫作"感知机"（Perceptron）的东西。感知机就像 AI 的第一个"大脑"，它可以自主学习一些简单的任务。

比如，感知机可以学会分辨手写的数字。科学家会给它看很多张写着"1""2""3"的图片，告诉它："这张是 1，那张是 2……"AI 看得多了，就能自己分辨不同的数字了。

这时候，AI 不再是按照死板的规则行动，而是能自己从数据中学习，这就是机器学习的开始。

感知机听起来很厉害，但其实它的能力非常有限。1969 年，马文·明斯基发现，感知机只能处理特别简单的问题，遇到稍微复杂一点的任务，它就完全不会了。

例如，它可以学会区分圆形和三角形，但如果让它分辨更复杂的图案，像"字母 A"和"字母 B"，它就完全不会了。

这就像一个小孩学会了加法，但是一遇到减法就蒙了——它的"大脑"太简单了，根本处理不了更复杂的事情。

明斯基和另一位科学家赛摩·佩珀特（Seymour Papert）一起写了一本书，指出感知机的局限性，告诉大家："这个方法太简单，不能解决真正难的问题。"

因为明斯基的研究,很多科学家开始怀疑:"AI 真的能变聪明吗?"结果,很多人停止了研究 AI,政府和公司也不再愿意投入资金。

这段时间被称为"AI 寒冬"(AI winter),AI 研究变得冷冷清清,没多少人愿意继续做下去。

感知机是机器学习的第一步,但它太简单,没办法解决真正的难题。AI 第一次遇到了大挑战,进入了低谷。

不过,这并不是 AI 的终点。科学家没有完全放弃,他们在等待新的方法让 AI 变得更聪明。

11.4 神经网络之父:辛顿的"数字神经元"

尽管 AI 研究遇到了很多困难,但有些科学家一直没有放弃。他们相信:如果人类可以通过学习变聪明,为什么 AI 就不可以呢?

1986 年,科学家杰弗里·辛顿(Geoffrey Hinton)提出了一个特别的方法——让 AI 学习的方式更像人脑的学习方式。

人的大脑里有数千亿个神经元,它们通过相互连接处理信息,比如让婴儿认出爸爸妈妈的脸,或者让小孩学会骑自行车。辛顿觉得,如果让 AI 像大脑一样工作,它是不是也能学会做复杂的事情?

于是,他发明了一种方法,叫作"反向传播"(backpropagation)。

你曾经做数学题的时候有没有遇到这种情况:算完答案后,发现错了,然后改正。这就是学习的过程。

辛顿发明的反向传播就像给 AI 做了一个"改错本"——每次 AI 犯错,它都会检查自己的计算过程,然后调整自己,使自己下一次更聪明。

比如，AI学习区分"猫"和"狗"，需要经过以下5个步骤。

（1）科学家给AI看一张猫的照片，问："这是什么？"

（2）AI可能会错误地回答："是狗。"

（3）这时，AI就会收到一个"你答错了"的信号。

（4）反向传播算法会帮助AI回头看看自己哪里算错了，然后调整自己。

（5）经过成千上万次这样的练习，AI就能越来越准确地分辨猫和狗了。

这个方法就是神经网络（Neural Network），它是今天AI的基础。

虽然辛顿的方法很聪明，但当时的计算机运行速度太慢。神经网络需要大量的计算，而训练一个神经网络可能需要几天甚至几个月，科学家很难让AI学会复杂的任务。

因此，虽然辛顿的想法很重要，但科学家只能等计算机变得更强大，才能真正发挥神经网络的威力。

11.5 三体突破：算法+算力+数据的质变

1. 黄仁勋的显卡，让AI计算更快

辛顿发明的神经网络能像人脑一样工作，但问题是训练神经网络需要做大量计算，而普通计算机太慢，AI学东西太慢，根本没办法解决复杂问题。

想象一下，如果你的老师每天只教你一个字母，那你需要多久才能学会一整本书呢？这就是当时AI遇到的难题。

这时候，一个叫黄仁勋（Jensen Huang）的来自中国台湾的华人工程师站了出来。他是英伟达的创始人，原本是专门做显卡（GPU，图形处理器）来让游戏画面更流畅的。但他发现，AI的神经网络算法和游

戏画面的计算方式非常相似,都需要同时处理大量数据。

于是,黄仁勋和他的团队做了一个大胆的决定:以显卡算力为核心架构,构建 AI 超级计算解决方案。

2012 年,英伟达的 GPU 加速 AI 的想法彻底改变了 AI 的发展速度。以前训练一个神经网络需要几个月甚至几年,而现在用英伟达的显卡,只需要几天甚至几个小时。

这就像给 AI 装上了"火箭发动机",让它可以飞速学习。

2. 李飞飞的 ImageNet,让 AI 有足够的数据学习

虽然计算变快了,但 AI 还面临一个大问题:它没东西学。

想象一下,如果你想学会分辨猫和狗,可是你只见过三只猫和两只狗,你可能还是分不清楚。但如果你看过一百万只猫和狗的照片,你肯定能很快学会区分它们。

AI 也一样。如果它要学会识别物体,就需要大量的照片来训练。但在 2000 年以前,科学家根本没有那么多数据。

这个时候,又是一位华裔科学家李飞飞想出了一个办法,她决定创建一个全球最大的图片数据库——ImageNet。

她带领团队收集了 1400 万张照片,并且让人们给这些照片贴上标签,比如"猫""狗""汽车""苹果"等。这样,AI 就可以用这些图片进行学习了。

2012 年,李飞飞组织的 ImageNet 比赛开始,科学家使用她的数据训练 AI。结果,一支团队(AlexNet)使用辛顿的神经网络 + 英伟达的 GPU,让 AI 的识别准确率从 75% 提高到了 85%,超过了人类的水平。

这标志着 AI 进入了一个新的时代——数据驱动的时代。

3. 辛顿的算法，帮 AI 更高效地学习

虽然辛顿早在 1986 年就提出了神经网络的"反向传播"算法，但由于当时计算太慢、数据太少，AI 的学习速度还是不够快。

但是现在，黄仁勋的显卡让计算变快了，李飞飞的 ImageNet 让数据变多了，辛顿的算法终于可以真正发挥威力了。

2012 年，AlexNet 团队用神经网络参加了李飞飞组织的 ImageNet 比赛，结果 AI 的表现大幅超过了以前的所有方法。

这个结果让全球的科学家都震惊了，大家开始意识到：原来神经网络真的可以做到人类的视觉识别水平。

这时候，AI 已经可以做很多让人惊讶的事情，比如人脸识别、自动驾驶、语音助手等。

11.6 大模型纪元：语言即智能的新大陆

为什么"大语言模型"是 AI 最重要的环节？语言是什么？

你有没有想过，如果我们不会说话，也不会写字，那我们还能学到知识、交流想法、理解世界吗？其实，语言不仅是我们沟通的工具，还决定我们怎么看待这个世界。

有一个哲学家叫维特根斯坦，他提出了一个想法："语言即世界。"这是什么意思呢？简单来说，就是我们的世界是由语言构成的。比如，如果一个人从小没学过"蓝色"这个词，他可能根本不会意识到蓝色和绿色的区别；如果我们没有"时间"这个词，我们就很难理解过去、现在、未来的概念。

换句话说，语言就像"地图"，帮我们理解世界。

第 11 讲　群星闪耀时：AI 史上的天才极客团

过去的 AI，虽然会计算，但不会真正理解世界。比如以前的机器人可以下围棋，但它并不懂"围棋的乐趣"；以前的 AI 可以识别图片，但它不懂"这张照片讲了什么故事"。

为什么？因为它们不会"语言"。它们只能按照数学公式和程序运行，但不理解人类的思考方式。

如果 AI 想变得像人类一样聪明，它必须学会理解和使用语言，因为语言是我们认知世界的钥匙。

大语言模型能让 AI 真正"理解"世界，它就像 AI 的大脑，让 AI 可以学习人类的语言。

以前的 AI 像"背公式的学生"，你问它问题，它只能照着书本念答案。但大语言模型不一样。

（1）它可以像人一样思考：它知道"下雨了，地面会湿"，它会推理。

（2）它能理解不同的表达方式：无论你说"我饿了"还是"我想吃饭"，它都明白你的意思。

（3）它能学习新知识：它可以阅读文章、分析信息，自己总结出道理。

就像维特根斯坦说的，语言决定了世界的边界。大语言模型的出现让 AI 可以更好地"看到"世界、理解人类的想法，从而变得更聪明。

那么为什么大语言模型是 AI 最重要的一步呢？

（1）AI 终于能"听懂"人类的语言：从前，AI 只会执行命令，比如"打开灯"，但现在的 AI 能聊天、写文章，甚至理解幽默和情感。

（2）AI 可以学习更复杂的知识：以前的 AI 只能做特定任务，比如下棋或开车，但大语言模型让 AI 可以跨学科学习，比如既能讲故事，又能写代码。

（3）AI 开始真正帮助人类：大语言模型让 AI 变成"智能助手"，帮助我们写作、学习、编程,甚至创作音乐、做艺术设计。

大语言模型就是能理解人类语言的 AI。

第一步:AI 开始"听懂"人类语言(2018 年,BERT)

2018 年,谷歌发明了一种新的 AI 模型,叫作 BERT。以前的 AI 只能一个字一个字地看句子,就像一个只会读字典的人。但是 BERT 不同,它能从前后文猜测句子的真正意思。比如,你看到"苹果"这个词,你怎么知道它是"水果"还是"苹果公司"呢?BERT 会通过前后文来猜测:

"我喜欢吃苹果。"——这里的"苹果"是水果。

"我买了一台苹果电脑。"——这里的"苹果"是公司。

BERT 让 AI 真正开始理解人类语言的含义,而不仅仅是认字。

第二步:AI 学会"表达自己"(2020 年,GPT-3)

虽然 BERT 可以理解语言,但它还不能很好地自己写文章、聊天。于是,2020 年,OpenAI 研发出了 GPT-3。

GPT-3 非常特别,因为它能像人一样说话、写文章,而且学会了"模仿"人类的表达方式。你问它问题,它不会只给你短短的回答,而是会用完整的句子解释,就像一个真正的作家。

比如,你问它:"为什么天是蓝色的?"以前的 AI 可能只会说:"因为光的散射。"而 GPT-3 会这样回答:"因为阳光照射到大气层时,不同颜色的光被散射的程度不同,而蓝光散射得最多,所以我们看到的天空是蓝色的。"

GPT-3 让 AI 不再只是一个工具,而成为一个真正能沟通的智能助手。

第三步:AI 成为"你的朋友"(2022 年,ChatGPT)

到了 2022 年,OpenAI 推出了 ChatGPT,它让 AI 真正走进了每个人的生活。以前的 AI,你必须用特定的指令跟它交流,比如"打开电视"或"搜索天气"。但 ChatGPT 可以和你自然地聊天，就像一个真正的朋友。

你可以对它说："帮我写一封生日祝福信。""讲一个好玩的故事。""解释一下数学题。""帮我设计一个有趣的游戏。"

ChatGPT 还能创作诗歌、画画、写代码，甚至给你讲笑话。它变得越来越聪明，因为它不仅能理解语言，还能创造内容。

11.7　DeepSeek：人人都能拥有的大模型

如果说 BERT 能让 AI"听懂"语言，GPT-3 能让 AI"表达自我"，ChatGPT 能让 AI 成为"助手"，那么 2023 年诞生的 DeepSeek，则标志着 AI 技术进入了一个新阶段——高效、普惠、个性化。而 DeepSeek 的创始人就是一位在人工智能和量化投资领域取得显著成就的"技术理想主义者"——梁文锋。DeepSeek 出现的意义就在于让大模型不再是科技巨头的"专利"，而是真正成为每个人触手可及的工具。

11.7.1　让大模型"瘦身"：更小、更快、更聪明

GPT-3 这样的早期大模型需要数千个高端 GPU 和巨额算力才能运行，普通人根本无法使用。而 DeepSeek 有了重大突破。

1. 模型压缩技术

通过知识蒸馏、量化、稀疏化等技术，可将千亿参数的大模型压缩到十分之一甚至更小，同时保持 90% 以上的性能。

2. 分布式训练优化

可让模型训练速度提升数倍，且能耗降低 60% 以上。

3. 动态自适应推理

根据用户需求，可自动调整模型复杂度——回答简单问题时用"轻量模式"，处理复杂任务时调用"深度模式"。

举个例子，过去训练一个 GPT-3 模型需要花费数百万美元，而 DeepSeek 通过算法优化，让同样的训练成本降低了 80%。这意味着中小企业甚至个人开发者都能负担得起大模型的开发。

11.7.2 "人人可定制"的 AI 伙伴

传统大模型是"通用型工具"，但每个人的需求不同，比如医生需要医学知识，程序员需要代码生成，学生需要学习辅导。

DeepSeek 在以下方面也有了新的突破。

1. 模块化架构

它能像搭积木一样自由组合模型模块。用户只需上传少量数据，就能训练出专属的"个性化 AI"。

2. 零样本学习

即使没有标注数据，模型也能通过语义理解快速适应新领域。

3. 多模态融合

无缝结合文本、图像、语音，让 AI 能看、能听、能说。

举个例子，一名乡村教师可以用 DeepSeek 快速定制一个"教育 AI"，只需上传课本和习题，AI 就能自动生成教案、批改作业，甚至用方言和学生互动。

11.7.3 打破"算力垄断"，让 AI 真正民主化

大模型依赖高端 GPU 和云计算，其使用技术被少数巨头掌控，而

DeepSeek 在这方面有了新的突破。

1. 边缘计算适配

模型可直接在手机、笔记本电脑甚至物联网设备上运行,无需依赖云端服务器。

2. 开源生态

开放核心训练框架和轻量化模型,全球开发者可共同改进算法。

3. 绿色 AI

通过算法优化,同等算力下的碳排放降低 75%,让 AI 发展更可持续。

举个例子,非洲的创业者用一台普通计算机就能运行 DeepSeek 模型,开发出本地语言翻译工具;偏远地区的医生可以通过手机调用 AI 辅助诊断,使技术壁垒和资源鸿沟被彻底打破。

DeepSeek 让 AI 从"技术革命"走向"社会革命"。

(1) 普惠性:从"实验室里的黑科技"变成"普通人手中的生产力工具"。

(2) 适应性:从"千篇一律"的通用模型,到"千人千面"的智能伙伴。

(3) 可持续性:通过算法创新,让 AI 不再依赖"堆算力、拼资源"的野蛮生长模式。

当 DeepSeek 这样的技术普及后,AI 将像电力一样无处不在——农民用它优化种植,作家用它创作小说,老人用它陪伴聊天……每个人都能以极低的成本,拥有一个"懂自己"的超级智能助手。

11.8 群星列传:改变 AI 命运的 20 个大脑

1. 早期理论奠基者

(1) 艾伦·图灵(Alan Turing),20 世纪四五十年代

他提出了"图灵机"理论,奠定计算机科学基础,并提出了"图灵测

试"来衡量机器是否具有智能。

（2）约翰·冯·诺伊曼（John von Neumann），20世纪四五十年代

他设计了现代计算机的"存储程序"架构，为AI算法提供了硬件基础。

（3）克劳德·香农（Claude Shannon），20世纪四五十年代

他创立了信息论，提出用比特表示数据，影响了AI的数据处理方法。

（4）马文·明斯基（Marvin Minsky）& 约翰·麦卡锡（John McCarthy），20世纪50—80年代

明斯基提出了"人工智能"这一基本概念，麦卡锡发明了LISP语言，并组织了1956年的"达特茅斯会议"，AI正式成为一门学科。

2. 机器学习和神经网络奠基者

（1）弗兰克·罗森布拉特（Frank Rosenblatt），1957年

他发明了最早的神经网络模型"感知机"（Perceptron），虽然它最初被认为有限制，但为后来深度学习的发展奠定了基础。

（2）杰弗里·辛顿（Geoffrey Hinton），1980年至今

他提出了"反向传播"算法，让神经网络可以更有效地训练。2012年，他的团队（AlexNet）用深度学习模型赢得ImageNet大赛，引爆了现代AI浪潮。

（3）杨立昆（Yann LeCun），1990年至今

他设计了卷积神经网络（CNN），用于图像识别，是现代计算机视觉（如人脸识别、自动驾驶）背后的核心技术。

（4）约书亚·本吉奥（Yoshua Bengio），1990年至今

他研究神经网络的数学原理，帮助深度学习成为主流。

（5）伊恩·古德费洛（Ian Goodfellow），2014年

他提出了生成对抗网络（GAN），能让AI自主创作逼真的图像、视频

（如 Deepfake）。

3. AI 在现实世界的推动者

（1）埃隆·马斯克（Elon Musk），2015 年至今

他与萨姆·阿尔特曼共同创办了 OpenAI，并推动特斯拉自动驾驶，让 AI 进入汽车行业。

（2）萨姆·阿尔特曼（Sam Altman），2019 年至今

他领导 OpenAI 开发 GPT 模型（ChatGPT 的核心技术），让 AI 变得更加智能和实用。

（3）德米斯·哈萨比斯（Demis Hassabis），2010 年至今

他领导 DeepMind 团队开发 AlphaGo，首次让 AI 战胜人类围棋冠军，并推动 AI 在科学研究（如蛋白质折叠）上的应用。

（4）李飞飞（Fei-Fei Li），2007 年至今

他组织了 ImageNet 数据集，推动 AI 从"玩具级"进化到"实用级"，影响了自动驾驶、医学影像分析等领域。

（5）马克·扎克伯格（Mark Zuckerberg），2010 年至今

他领导 Meta（Facebook）在 AI 领域的投资，开发 Llama 等开源大模型。

（6）黄仁勋（Jensen Huang），1993 年至今

他让 GPU 成为 AI 训练的核心硬件，使深度学习的速度比以往快了上千倍，推动 AI 大规模发展。

（7）梁文锋，2016 年至今

中国本土人才，他打造了国产 AI 大模型——DeepSeek。

4. 未来 AI 时代的新推动者

AI 仍在高速发展，一些新的研究者正在引领 AI 的下一个阶段发展。

（1）安德鲁·吴（Andrew Ng）：帮助 AI 普及应用，创办了 Coursera，

让更多人学习 AI。

（2）阿尔法折叠（AlphaFold）团队：用 AI 破解蛋白质折叠问题，加速生物医学研究。

（3）OpenAI、Google DeepMind、Anthropic 等公司：正在开发功能更强的 AGI。

今天的 AI 时代不是一个人所能推动的，而是几十年来无数科学家、工程师、企业家共同努力的结果。从图灵的计算理论，到辛顿的深度学习，再到 OpenAI 的 ChatGPT，再到我国的 DeepSeek，每一代人都在为 AI 的进步贡献力量。未来，AI 将继续改变世界，而下一个 AI 革命的推动者，可能就是你。

第12讲

与人类共舞：
AI 时代的生存哲学

AI 的快速发展正在彻底改变人类探索和
创新的方式。过去，所有的发明都来自人类的智慧，
但现在，AI 已经开始发现人类无法直接归纳的科学规律，
甚至探索新的知识。如果这个趋势持续下去，AI 可能会
成为人类历史上最后的重大发明，因为在未来，几乎
所有的发明创造，都可能由 AI 完成。

第 12 讲 与人类共舞：AI 时代的生存哲学

12.1 科学新发现：AI 破解的"宇宙隐藏代码"

2020 年，麻省理工学院（MIT）的科学家利用 AI 发现了一种全新的抗生素——海尔森（Halicin）。这一发现震惊了科学界，因为海尔森不仅能杀死许多耐药细菌，而且细菌似乎无法对其产生耐药性。

那么 AI 是如何找到海尔森的呢？

（1）训练阶段：科学家提供了一个包含 2000 种分子的数据库，这些分子都经过标注，说明它们是否能阻止细菌生长。

（2）学习规律：AI 在数据库中寻找模式，自己总结出一套判断哪些分子能抗菌的规律。

（3）筛选分子：AI 筛查了美国食品和药物管理局（FDA）批准的 6 万多种分子，寻找符合抗菌、无毒且与已知抗生素完全不同的分子。

（4）最终结果：AI 从 6 万多个分子中筛选出一个，就是海尔森。

实验验证了 AI 的预测是正确的，海尔森是一种真正有效的新型抗生素。如果用传统的实验方法，这项研究可能需要几十年和成千上万的人力，但 AI 却在极短时间内完成了筛选和分析。

AI 不仅能发现新药，还在其他领域突破人类极限。

海尔森的发现只是 AI 改变科学研究的一个例子。在许多其他领域，AI 同样展现出了超越人类的发现能力。

（1）蛋白质折叠问题：AI（如 DeepMind 的 AlphaFold）成功预测了蛋

白质的三维结构，这是生物医学史上的一个重大突破。

（2）新材料发现：AI可以分析无数种元素组合，寻找全新的超导材料、纳米材料和新能源材料。

（3）量子计算优化：AI可以帮助优化量子算法，提高计算效率，加速量子计算机的实用化。

（4）气候预测：AI能够处理海量数据，提高气候模型的准确性，帮助科学家更好地预测极端天气和全球变暖的趋势。

（5）宇宙探索：AI可以分析天文望远镜的数据，寻找新的行星、恒星，甚至可能帮助人类发现外星生命。

这些领域都存在一个共性：AI发现的规律，人类很难直接解释。当科学家被问到"AI是如何找到海尔森的？"他们的回答是："我们不知道。"

很多人也许会挑衅说："你连原理都不知道，那还能做发明吗？"可是不要忘了，瓦特改良蒸汽机的时候人类还不知道热力学，莱特兄弟发明飞机的时候，人类也不清楚空气动力学。

AI在庞大的数据中找到了某种模式，但人类无法直接理解这些模式背后的数学逻辑。数学或物理规律是我们用来理解世界的工具，但AI可能找到的是更高维度、非人类直觉的规律。比如，神经网络可能利用了我们未知的高维几何结构，或者是一些超复杂的统计分布，使得它的预测极为准确，但这些模式无法用人类已知的数学模型直接描述出来。AI时代是计算驱动与传统科学推理的对比，传统科学的方法是"理论—实验—应用"，而AI时代的方法越来越多地变成"数据—计算—应用—理论"，这是一个科学研究范式的彻底革命。AI将成为主要的"发明者"，人类不再是唯一的创新主体。在过去的几千年里，人类一直是世界运行规律的唯一发现者，所有的科学理论、技术发明，都是由人类探索、总结、创造的。

但现在，AI 的出现改变了这个规则。

AI 可以自动发现科学规律，比人类科学家快成百上千倍。

AI 可以自动设计新的实验，在虚拟环境中进行高效测试。

AI 可以自动生成新的理论，为物理、数学、生物等学科提供新的理解。

这意味着，AI 可能是人类历史上最后的发明，因为未来所有的发明，都将由 AI 完成。

为什么科技巨头都在全力投入 AI？

全球顶级科技公司都在全力投入 AI 领域，因为他们已经意识到，AI 不仅仅是一个工具，更是未来所有创新的核心（见表 12-1）。

表 12-1　全球顶级科技公司在 AI 领域的发展方向

科技公司	发展方向
谷歌（Google）	开发了 BERT、AlphaFold、DeepMind 等 AI 系统，应用于语言理解、医学研究、自动驾驶等领域
特斯拉（Tesla）	AI 驱动的自动驾驶技术，让汽车能够自主导航，减少交通事故
微软（Microsoft）	投资 AI 芯片、AI 云计算，让 AI 成为未来计算的核心
OpenAI	开发了 GPT 系列语言模型，推动 AI 与人类的交流和创造
百度（Baidu）	打造文心一言（ERNIE Bot）及自动驾驶技术 Apollo，深耕生成式 AI、无人驾驶和 AI 产业落地
阿里巴巴（Alibaba）	推出通义千问 AI 大模型，并在电商、金融、云计算领域大规模应用 AI，提高效率
腾讯（Tencent）	发布混元大模型，推动 AI 在社交、游戏、医疗等多个场景的应用，并利用 AI 进行智能内容创作
华为（Huawei）	开发盘古大模型，并专注于 AI 芯片（昇腾 910）、AI 算力基础设施，推动 AI 在企业级市场的应用

AI 不仅能提升生产效率，还能直接创造新的科学知识，这就是为什么科技巨头们都在全力投入 AI。

12.2 角色重置：从万物灵长到 AI 协作者

如果 AI 接管了所有的创新和发现，那么人类需要做什么呢？

（1）与 AI 合作：未来，科学家、工程师、医生等职业可能更多是"与 AI 协作"，而不是单独完成任务。

（2）定义 AI 的目标：AI 可以发明东西，但它不知道"什么样的发明才是最重要的"。人类的任务是提出问题，而 AI 的任务是寻找答案。

（3）确保 AI 的安全和道德：AI 的能力越来越强，人类需要确保它不会被滥用，也不会对社会造成负面影响。

AI 的发展速度已经超过了许多人的预期。它不仅是一个工具，更可能成为未来所有创新的主导者。当 AI 能够自主发现科学规律、设计新药、优化技术、预测未来时，人类的角色将发生根本性的变化。

面对这个时代，我们需要思考几个问题：如何利用 AI 推动科学进步？如何调整教育方式，让人类更适应 AI 时代？如何确保 AI 的发展是安全、可控、符合人类价值观的？

12.3 不可替代性：人类独有的"认知维度"

当 AI 能预测股市、生成代码，甚至设计疫苗、开发药物，人类还剩什么不可替代？人类有哪些能力是所有的 AI 都做不到的，不仅今天做不到，未来 10 年、100 年、1000 年，甚至永远都做不到的？这个才是 AI 时代人类最大的价值，我认为有以下三点。

第一个叫担当力，即承担后果的能力。AI 其实是没有决策能力的，AI 可以是世界上最聪明的参谋，但是最后的决策需要人类来做，因为决策的潜台词是担责任。比如自动驾驶领域，对 AI 来说判断走哪条路、什么时候停、什么时候走都是可以的，但是遇到不可避免的车祸，需要 AI 在驾驶员和行人之间选择一方来承受伤害时，AI 就做不了，需要人类提前告诉他。

第二个是价值判断。AI 可以给你提供事实判断，却唯独没有办法给你价值判断。你问它明天下雨的概率，它可以算得出来。但是你问它：你喜欢下雨吗？它就会告诉你：我喜欢晴天，也喜欢阴天，也喜欢下雨，都很好。就像你平时刷到的视频可能是 AI 生成的，但是点赞的动作永远属于人类，因为点赞就是一个价值判断。

第三个是精神追求，AI 虽然有神经网络，但是它们并没有神经，也没有精神世界。AI 可以精确地计算一件事成功的概率，但是不会有"人定胜天""胜天半子"的冒险精神，冒险精神的背后其实是意义感，而只有人才会有意义感。因为人的生命有限，冒险精神的真谛，在于用有限生命对抗无限虚无。当数据穷尽逻辑时，人类始终保留着推翻所有数据的勇气。

所以，我们根本不用担心被 AI 取代，而是要全力拥抱 AI，发挥我们作为人最大的价值。石器时代淘汰的不是手脚，而是拒绝握紧燧石的手；蒸汽时代碾碎的不是劳力，而是固守马车的车轮。被取代的从不是"人"，而是停滞的认知维度。恐惧 AI 的人看见替代，驾驭 AI 的人看见阶梯。

12.4 价值重构：在 AI 洪流中锚定人性灯塔

人要学会拥抱和使用机器，而不是被机器替代。相信大家最近经常听到这样的声音：现在人工智能来了，你的工作要被机器替代了，未来人类可能会被机器奴役，人类正在经历一场巨变，等等。类似这样制造焦虑的话对不对呢？从某一个方向看是对的，而且这场巨变才刚刚开始。但大家可以思考一下，人工智能明明是我们人类发明的，何以会替代我们人类呢？自己发明的工具在未来反而成了主角，那主角应该是我们人类才对啊。因为人类发明的这个工具不同以往，以前工业革命发明的蒸汽机、汽车，到后来变得普及，让我们每个人都变得像社会的一颗螺丝钉，甚至人们都不用思考，只要工作就行，社会生产力就取得了巨大的进步。

其实工业革命之前人们的收入没有明显的变化，工业革命开始后就不一样了。但这也带来一个问题，有人认为：人类自工业革命后变得越来越不善于思考，甚至有的工作就希望你不要思考，这是对的吗？但后来，随着科技的进步，人类对于人性本源性的知识，学习得越来越少。而这一次的人工智能是什么？是智能，前面是工业革命，这次是智能革命。我们花大量的时间去学习的东西，机器人马上给你答案。这恰恰逼着人类需要重新认识人类和机器的区别，重新思考我们何以为人。

信息时代来了，现在人工智能来了，大语言模型也来了，但我们人类目前看还没有自我进化到能够从容地接受 AI 时代的挑战。

现在知识变得随手可得，我们可以在手机上甚至 AR 眼镜上获取世界上的所有知识。你能读懂用任何一种语言写的小说，戴上耳机能听懂任何国家的语言。但是未来的人才选拔不会仅仅基于知识，而应该基于能力，因为能力才是让我们人类继续前进的关键。

所以，阿尔法时代的孩子们，因为他们出生在智能科技高度普及的环境，当他们走向社会，他们以后解决问题的方式都将是电子化、数字化、智能化的，未来比拼的应该是有效地使用工具的能力。但是大家不要以为只要有工具，大家应该水平就差不多。不是的，不同的人使用不同的工具，可能对人类科技的进步会起到不同的作用。

我举一个例子，大家就明白了：有 3 个人都能熟练运用机器，只要直接问机器，就能得到答案。假设他们要用机器的能力为自己的电动汽车进

第 12 讲　与人类共舞：AI 时代的生存哲学

行改进。第一个人对电动汽车有深刻的理解，但其知识体系中并不包含人类有史以来借助外力实现从 A 点到 B 点的经历和知识。第一个人就直接问机器如何做出一台更好的电动汽车，AI 给出了答案。第二个人对于电动汽车的原理有基本的理解，但不深入，不过他了解人类有史以来实现从 A 点到 B 点的过程中的艰辛和坎坷。第二个人就问 AI 如何能做出一个更好的交通工具，AI 给了答案。第三个人对于电动汽车只有感性的认识，但他有数学、物理、化学等现代科学的知识，他明白问题的核心是要解决如何从 A 点到 B 点，他就问 AI 如何从 A 点到 B 点。大家觉得这三个人问的问题最大的区别是什么？

　　答案就是开放性。对于第一个人，机器只会给出电动车的方案；对于第二个人，机器可能会给出比电动车更好的一种交通工具；那么第三个人呢？机器可能会给出一种全新的方案，甚至可能已经不是交通工具。

　　哪一种人会对科技提供突破性的进展？答案是第三种。大家发现没有，我们目前的人才储备中，第一种人是最多的，第三种人最少，那这个例子给我们的启发就是：我们何以为人？

　　人类的价值可能在人工智能时代需要进行重新思考。但并不是说，目前知识的学习不重要，相反，知识的学习在任何时候都是重要的，但我们需要知道怎么学，怎么思考。大家想想，为什么人类能生存至今？就是因为人有主观能动性，会思考，是一种能够适应复杂环境变化的智能生物。在人工智能面前，我们当然能继续适应，我们需要做的就是扬长避短。我想现在已经没有什么人想着去跟汽车比速度，去跟挖掘机比力量了。人类不需要和自己发明的工具较劲了，人类要做的就是拥抱它，用好它。要知道，以后只要是可重复的、能做成模型的、能找到规律的、能形成范式的工作，机器都能学会。

那么人工智能时代，我们何以为人？相信读者已经有所感触。我们无需焦虑，先试着在跑步的时候看看路边的小草有没有发芽，空气中有没有春天的味道，感受微风吹过耳边的那种惬意感，感受游泳的时候水从耳边流过的那种自由感。这种美妙的感觉，机器是不会有的，只有人类才有。所以，人类应该用更人性、更有灵性的方式去生活。我们要做的就是：重新思考我们应该如何去学习，如何去教育，如何去工作，如何去拥抱和使用机器，搞明白在未来我们人类和机器的区别——我们何以为人？